高职高专"十二五"规划教材

实验教改教材

药物制剂技术实验微格教程

丁 立 ◎ 主编

化学工业出版社

·北京·

本书是在遵循按全新微格教学理念基础上，历经数载设计、探索、试制、修订，编写而成。药物制剂实验的组织实施、报告格式、细节思考皆有一定突破。

　　全书主体内容分信息检索、基础操作技能、综合见习三部分，穿插了拓展性的技能和思路训练。随附80余幅自拍实验对比照片，供预习和实验总结之用。

　　适于药物制剂技术、生物制药技术、药学、药物检验技术、中药制剂技术等相关专业高职生学习使用，也可供对应本科教学参考。

图书在版编目（CIP）数据

药物制剂技术实验微格教程/丁立主编．—北京：化学工业出版社，2011.6（2023.1重印）
高职高专"十二五"规划教材
ISBN 978-7-122-10986-6

Ⅰ．药… Ⅱ．丁… Ⅲ．药物-制剂-技术-高等职业教育-教材 Ⅳ．TQ460.6

中国版本图书馆CIP数据核字（2011）第064450号

责任编辑：于 卉　　　　　　文字编辑：赵爱萍
责任校对：陶燕华　　　　　　装帧设计：关 飞

出版发行：化学工业出版社（北京市东城区青年湖南街13号　邮政编码100011）
印　　装：北京虎彩文化传播有限公司
787mm×1092mm　1/16　印张8½　字数208千字　2023年1月北京第1版第6次印刷

购书咨询：010-64518888　　　　　　　　　　售后服务：010-64518899
网　　址：http://www.cip.com.cn
凡购买本书，如有缺损质量问题，本社销售中心负责调换。

定　价：29.00元　　　　　　　　　　　　　　　　　　　　版权所有　违者必究

编写人员名单

主　编 丁　立

编写人员（按姓氏汉语拼音顺序排序）

陈志斌　丁　立　杜红光　马　毅
邵继征　孙素珍　许良葵　晏亦林
张健泓　邹玉繁

前　言

　　源于对药物制剂技术教学实践的探索，编者组织学生成立了药物制剂兴趣小组，采用了微格化教学手段，对制药类院校常见的药剂学实验逐一审视、摸索、验证、修正、完善，从配方、制备工艺两个角度对广东食品药品职业学院学生所涉及的十几个药物制剂实验——进行查对、删、减、修、补、改，力争每一个实验都能保证70%以上的学生经努力可以获得满意的设计效果。此外，还从锤炼技能、鼓励探索、启迪智慧、诱发思路的角度，挖掘了传统药剂实验中的知识、技能、思考、疑问、常见错误等元素，以图片对比、操作要点和注意事项、思考题等形式呈现，供教师和学生参考。

　　本教材共设有24个实验，涵盖了25个剂型、55个制剂、2个制剂参数测定、5个参观或观摩、1个资料查阅。结构上由三部分组成：第一部分是药物制剂专业信息检索实验，包括搜寻药物制剂专业信息相关的网络资源和查阅《中华人民共和国药典》；第二部分是药物制剂基础操作技能实验，由十八个实验组成，包括药物制剂技术相关的最主要的剂型和最常见的制剂；第三部分是药物制剂岗位综合见习实验，包括参观具有代表性的三种药物制剂车间——口服固体制剂车间、无菌制剂车间和气雾剂车间；两种药品流通渠道——零售药店和医院药房。这都是制药类相关专业学生就业的主要工作岗位，通过参观或观摩，提前从就业和技能的角度审视、定位自己的专业和学习过程，必将大有裨益。其中，由于剂型的危险性和特殊性，实验二十一——药用气雾剂车间观摩为观摩实验，供学生观摩实训中心气雾剂试制或研发室以及参观药厂气雾剂车间用，编者特将曾自拍的气雾剂车间参观视频以剧本形式展示给大家，供读者了解和学习气雾剂使用。

　　本书适用于相关院校的药物制剂、生物制药、化学制药、药分、药学等专业学生，制药相关的其他专业，如中药、药事管理、医药营销等专业，也可根据需要选用。

　　本书编写的分工：丁立负责全书的布局设计，包括所有配图、统稿、校订；张健泓负责软膏剂、微囊剂；马毅负责栓剂、滴丸剂；孙素珍负责散剂、颗粒剂；陈志斌负责微丸剂、膜剂；邵继征、许良葵负责综合见习实验部分；邹玉繁、晏亦林、杜红光负责其他剂型和实验。

　　本书编写过程中曾受惠于广东食品药品职业学院罗燕娜、蔡美平、易少凌、王林、张小红、虎松艳、谢黛、黄勇红、李永冲、刘经亮等老师的帮助，特此致谢！

　　由于凝聚了心血，期望此书在不断发展、完善的基础上，为更多的人所喜欢。

　　囿于资历、学识、时限，不妥之处难免，望阅读和使用者谅解并不吝指正！

　　本教材配有电子课件，可免费提供给采用本书做为教材的教师使用，如需要请联系：Cipedu@163.com。

广东食品药品职业学院
丁立
2011年3月8日广州

目 录

第一部分 药物制剂专业信息检索实验 /1

实验零　药物制剂相关信息检索实验 …………………………………………… 2

第二部分 药物制剂基础操作技能实验 /5

实验一　真溶液型液体药剂的制备 ………………………………………………… 6
实验二　胶体溶液型液体药剂的制备 ……………………………………………… 10
实验三　混悬型液体药剂的制备 …………………………………………………… 16
实验四　乳剂型液体药剂的制备 …………………………………………………… 22
实验五　浸出药剂的制备 …………………………………………………………… 27
实验六　粉体流动性的测定 ………………………………………………………… 33
实验七　散剂的制备 ………………………………………………………………… 36
实验八　颗粒剂的制备 ……………………………………………………………… 43
实验九　蜜丸和水丸的制备 ………………………………………………………… 50
实验十　滴丸剂的制备 ……………………………………………………………… 55
实验十一　微丸的制备 ……………………………………………………………… 60
实验十二　软膏剂与乳膏剂的制备 ………………………………………………… 65
实验十三　软膏剂的体外释放测定 ………………………………………………… 72
实验十四　栓剂的制备 ……………………………………………………………… 76
实验十五　膜剂的制备 ……………………………………………………………… 84
实验十六　微囊的制备 ……………………………………………………………… 91
实验十七　环糊精包合物的制备 …………………………………………………… 97
实验十八　滴眼剂的制备 …………………………………………………………… 101

第三部分 药物制剂岗位综合见习实验 /105

实验十九　药厂固体制剂车间参观 ………………………………………………… 106
实验二十　药厂无菌制剂车间参观 ………………………………………………… 108
实验二十一　药用气雾剂车间观摩 ………………………………………………… 110
实验二十二　零售药店参观 ………………………………………………………… 115
实验二十三　医院药房参观 ………………………………………………………… 117

附录 /119

附录一　药物制剂技术微格实验基本要求 ………………………………………… 119
附录二　药物制剂技术微格实验报告格式和要求 ………………………………… 120

附录三　药物制剂实验常用术语与数据 …………………………………… 121
附录四　药物制剂质量和性能基本评价指标 ……………………………… 123
附录五　药物制剂常用网络资源 …………………………………………… 124
附录六　药物制剂常见术语中英文对照 …………………………………… 125

参考文献　/129

第一部分

药物制剂专业信息检索实验

实验零　药物制剂相关信息检索实验

一、相关背景知识

1. 药物制剂相关信息检索

在与药物制剂相关的学习、生产、检验、经营活动及日常生活中，经常会遇到需检索相关专业信息的情况，尤其是药物制剂的类型、剂型特点、药品活性成分、药理作用、注意事项、用法用量、剂量规格、生产商、价格、包装等方面的信息，药物制剂相关的信息检索有自身的特点和规律，需依据药物制剂的类别和活性成分，设置关键词，利用图书馆或网络资源查询。

2. 查阅《中国药典》

药物制剂质量好坏的判别依据和尺度是药品的质量标准。

我国施行的药品标准是国家标准。国家标准有两种：一是《中华人民共和国药典》（简称《中国药典》），二是局（部）颁标准。前者收载的是疗效确切、质量稳定、不良反应小的常用药物及其制剂的质量标准，后者收载的是国家食品药品监督管理局或卫生部批准的、尚未列入药典的新药质量标准。

《中国药典》目前每5年更新一版，现用的是2010年版药典。共分中药、化学药、生物药三部。

二、预习要领

（1）复习药物制剂、剂型、质量标准等概念及其意义。
（2）《中国药典》的概念及对药物制剂的意义。
（3）《中国药典》的构成和查阅方法。

三、实验目的

（1）基本掌握药物制剂常用网络资源的搜寻和使用方法。
（2）通过查阅《中国药典》中有关项目和内容的练习，熟悉药典的使用方法。掌握药典的概念、意义和地位。

四、实验场所和资源

（1）图书馆或教室，分小组合作完成查阅任务。
（2）《中国药典》1990年版、1995年版、2000年版、2005年版、2010年版各若干册。
（3）因特网资源。
① 中国知网：http://www.cnki.net
② 维普资讯：http://www.cqvip.com
③ 全球GMP培训网：http://www.cgmp.com
④ 中国药剂学杂志：http://www.zgyjx.cn/cn/dqml.asp
⑤ 小木虫论坛：http://emuch.net/bbs

⑥ 丁香园论坛：http://www.dxy.cn
⑦ 国家食品药品监督管理局数据查询：http://appl.sfda.gov.cn/datasearch/face3/dir.html

五、实验内容

(一) 药物制剂相关信息查询

【实验要求】

(1) 通过网络和图书资料，查询复方感冒灵片的生产厂家、药品批准文号数、对应的商标、零售价格。

(2) 通过网络和图书资料，查询克拉霉素的剂型情况；中国生产克拉霉素制剂的厂家及对应的商品名；进口制剂的数量、供应商、规格；所查询到的制剂的零售价格。

(3) 通过网络和图书资料，查询环酯红霉素的适应证、制剂规格、生产厂家。

(4) 通过网络和图书资料，查询片剂压片和包衣过程中会遇到哪些技术问题？其主要原因是什么？通过何种方法可以解决？

(5) 通过网络和图书资料，查询治疗糖尿病的药物制剂有哪几类？常用的有哪几种？其作用特点和注意事项分别是什么？

【操作要点和注意事项】

(1) 此实验可以通过各种形式完成：班级统一查阅、分组讨论分工查阅、学生个人查阅汇集、作业、抽查宣讲等，旨在锻炼学生通过网络、图书馆等资源查询实际工作和生活中所遇到的药物制剂相关信息和知识的能力。

(2) 药物制剂的相关信息可以通过图书馆、专业网站、官方网站、技术论坛、专业数据库等资源获取。

(二)《中国药典》查阅

【实验要求】

按照下表的各项要求，查阅药典，记录查阅结果。

项目	年版	部	页	内容（关键词概述）
制剂通则				
蜜丸的制备方法				
纯化水质量检查项目				
微生物限度检查法				
青霉素V钾片溶出度检查				
热原检查法				
稳定性实验法				
胶囊剂装量差异检查方法				
最细粉				
微溶				
热水的含义				
乙醇无特别标注时的浓度				

【操作要点和注意事项】

(1) 可参阅各个版本药典，应有意识比较各个版本的异同处。

（2）若有信息查不到时，可考虑查阅《中国药典》增补版。也可以通过《中国药典》在线查阅，或安装《中国药典》相关电子阅读软件，通过个人电脑查询。

六、常见问题和思考

（1）《药典》的本质是什么？登载的核心内容是什么？

（2）药典为什么要不断更新？《中国药典》目前几年更新一次？《美国药典》呢？

（3）《中国药典》2005年版各部共收载了几种剂型？

（4）一般须符合哪些条件才有机会登载入药典？不在药典中的药物以何标准检验？

（5）水浴在药典上是如何规定的？不标注温度的水浴是多少摄氏度？

第二部分

药物制剂基础操作技能实验

实验一 真溶液型液体药剂的制备

一、相关背景知识

(1) 真溶液是四种液体药剂之一，也是最简单的液体药剂。

(2) 真溶液是指药物以分子或离子状态溶解于适当溶剂中制成的澄明液体制剂。

(3) 真溶液的溶剂有多种，可以是水，也可以是乙醇、甘油、聚乙二醇（200～400）等亲水性溶剂，还可以是液状石蜡、植物油等非极性溶剂。

(4) 其分散相粒子直径小于1nm，通常以分子或离子状态溶解在分散介质中。

(5) 真溶液型液体药剂可以口服，也可外用。

(6) 属于真溶液型液体药剂的有：溶液剂、糖浆剂、甘油剂、芳香水剂、醋（xǔ）剂、酏（yǐ）剂等。注射剂、口服液、滴眼剂从形态上是液体药剂，但从制剂工艺和剂型分类上另列，不属于真溶液型液体药剂。

二、预习要领

(1) 真溶液分散相的形式和粒子大小。

(2) 真溶液的制备方法。

(3) 增加药物溶解度的方法。

(4) 检索滑石粉的物料性质和功能。

(5) 助溶的原理和方法。

(6) 真溶液的质量要求。制备成什么样的真溶液才合格？

三、实验目的

通过实验掌握真溶液型液体药剂的制备方法，掌握助溶的方法和原理。

四、实验原理

真溶液型液体药剂的制法有溶解法、稀释法、化学反应法等，其中溶解法应用最多。本实验采用溶解法制备，其中有加助溶剂和分散剂两种方式。

五、实验仪器与材料

(1) 仪器：量杯，移液管，天平，玻棒，125ml具塞广口瓶，漏斗，滤纸，棉花。

(2) 材料：I_2，KI，薄荷油，滑石粉，纯化水。

六、实验内容

（一）复方碘溶液（卢戈溶液）

【处方】
碘　　　　　0.5g
碘化钾　　　1g
纯化水　　　加至10ml

【制法】 取 KI,加适量纯化水(约 2ml)完全溶解,配制成浓溶液,再加入 I_2,搅拌至使其完全溶解,最后加水至全量(10ml)。

【样品图片】

图 1-1　碘未完全溶解所制样品　　　　　　图 1-2　成功制备的复方碘溶液样品

【用途】 调节甲状腺功能,用于缺碘引起的疾病,如甲状腺肿、甲亢等症的辅助治疗。每次 0.1~0.5ml,饭前用水稀释 5~10 倍后服用,一日 3 次。外用作黏膜消毒剂。

【操作要点和注意事项】

(1) 碘化钾在水中的溶解度为 1∶0.7,制备成饱和溶液可以加速碘的溶解。碘化钾必须完全溶解,再将 I_2 完全溶解于浓 KI 溶液后,才能加水至全量。

(2) I_2 为氧化性药物,称量时选用玻璃容器或小烧杯,不能用手直接接触,不宜久置空气中。应贮于密闭具玻璃塞瓶内,不得直接与木塞、橡皮塞及金属塞接触。为避免被碘腐蚀,可加一层玻璃纸衬垫。

(3) 本实验如何实现助溶?增溶与助溶的区别与联系是什么?$I_2 + KI \longrightarrow KI_3$;KI 是助溶剂,形成复合物。

(4) 若有不溶物,能否过滤?用什么材料过滤?

(5) 因为碘有刺激性,本品若口服,应如何处理?本品服用剂量较小,且有刺激性,可用水稀释成 1/10~1/5 溶液服用。

(6) 碘有升华性质,溶解度低(1∶2950),碘化钾与碘形成水溶性络合物而使碘溶解,同时此络合物比碘的刺激性小。

(7) 碘化钾在处方中起助溶剂和稳定剂的作用。

(8) 溶液型液体药剂的制备通则

① 液体药物通常以量容为主,单位常用毫升(ml)或升(L)表示。固体药物用称量,以克(g)或千克(kg)表示。以液滴计数的药物,要用标准滴管,标准滴管在 20℃ 时,1ml 蒸馏水应为 20 滴,其重量误差范围应在 0.90~1.10g。

② 药物称量时一般按处方顺序进行。有时亦需要变更,例如麻醉药应最后称取,并进行核对和登记用量。量取液体药物后,应用少量纯化水荡洗量具,洗液合并于容器中,以避免药物的损失。

③ 处方组分的加入次序:一般先加入复溶剂、助溶剂和稳定剂等附加剂。难溶性药物应先加入,易溶药物、液体药物及挥发性药物后加入。酊剂(特别是含树脂性药物者)加到水溶液中时,速度要慢,且应边加边搅拌。

④ 为了加速溶解,可将药物研细,取处方溶剂的 1/2~3/4 量来溶解,必要时可搅拌或

加热。但受热不稳定的药物以及遇热反而难溶的药物则不宜加热。

⑤ 固体药物原则上宜另用容器溶解，以便必要时进行过滤。

⑥ 成品应进行质量检查，合格后选用洁净容器包装，并贴上标签（内服药用白底蓝字或白底黑字标签，外用药用白底红字标签）。

（二）薄荷水

【处方】　薄荷油　　0.2ml
　　　　　滑石粉　　1.5g
　　　　　纯化水　　加至100ml

【制法】　称取1.5g滑石粉置于干净、干燥的研钵内，略研，取0.2ml薄荷油（胶头滴管4滴）分次滴入滑石粉中研匀，研磨时间不可过长。加适量纯化水（80ml），分次转入小口瓶，振摇10min，过滤，从滤器上加纯化水至全量（100ml）。若滤液混浊，需重滤一次。

【样品图片】

图1-3　薄荷水的制备

【用途】　矫味剂。

【操作要点和注意事项】

（1）注意薄荷水制备过程中的振摇方式和放气的要求。

（2）薄荷水最终制成100ml。从研钵向小瓶的转移和定量需用水少量多次进行，一般将80ml分为30ml、20ml、10ml、10ml、5ml、5ml共六次转移。

（3）在挥发油与滑石粉研磨后，要不要加水研磨？还是直接加到广口瓶中振摇即可？

（4）过滤时最好先将待滤液静置几分钟，振摇时所产生的浮沫也应尽可能使之沉降，以加快过滤速度。

七、质量检查

真溶液外观应均匀、透明，无可见微粒、纤维等物。鉴别和含量测定按《中国药典》或有关制剂手册各制剂项下检查方法检查，应符合要求。

卢戈溶液应为深棕色澄明液体，有碘臭味。

薄荷水应为无色澄明液体，有薄荷味。

表1-1　真溶液质量检查结果

真溶液	颜色	澄明度	气味
复方碘溶液			
薄荷水			

八、安全提示

（1）碘有腐蚀性，称量时用玻璃或蜡纸，一般不宜用手或普通纸直接接触碘。

（2）复方碘溶液若不慎误服，可内服20%硫代硫酸钠溶液解救，一次用量10~20ml，每5~10min一次，也可以用淀粉浆口服或洗胃。

(3) 碘溶液为氧化剂，与还原剂、鞣质、生物及生物碱等易起化学反应。所以包装用软木塞应加垫一层玻璃纸，因为软木塞中含有鞣质。

九、常见溶液剂及其应用

1. 新洁尔灭溶液

【处方】 苯扎溴铵 1g，蒸馏水 1000ml。

【规格】 0.1%×500ml/瓶。

【用法】 外用：配成不同浓度，有 1：(1000～2000) 溶液。

【用途】 用于手术前皮肤表面消毒、着色。外用。局部涂布。不适用于膀胱镜、眼科。季铵盐阳离子表面活性广谱杀菌剂，杀菌力强，对皮肤和组织无刺激性，对金属、橡胶制品无腐蚀作用。1：(1000～2000) 溶液广泛用于手、皮肤、黏膜、器械等的消毒。

2. 小儿祛痰糖浆

【处方】 氯化铵 10g，橙皮酊 20ml，桔梗流浸膏 30ml，甘草流浸膏 60ml，纯化水 30ml，单糖浆加至 1000ml。

【规格】 100ml。

【用法】 口服，1～3岁儿童，1～4ml/次，3～4次/日。

【用途】 祛痰、镇咳。用于小儿感冒引起的咳嗽，支气管炎。

十、常见问题及思考

(1) 卢戈溶液中碘如何起助溶作用？KI_3 会不会再分解为 I_2？何种条件下分解？

(2) 卢戈溶液制备时能否先让 KI 与 I_2 先混合再加水？为什么？

(3) 为什么薄荷水制备过程中可能会有混浊？如何避免和处理？

(4) 滑石粉的作用是什么？要不要写入配方？

(5) 应考虑薄荷水制备的速度，薄荷油会不会挥发，从而影响含量？

(6) 薄荷水过滤时往往很慢，如何加快薄荷水的过滤速度？

(7) 滑石粉虽有溶解辅助作用，但能否保证薄荷油完全进入水相？如何判别？

实验二　胶体溶液型液体药剂的制备

一、相关背景知识

胶体溶液是 4 种液体药剂之一，分为高分子溶液和溶胶两种。

胶体溶液型液体药剂系指某些固体药物或高分子化合物以 1～100nm 大小的质点分散于适当分散溶剂中，呈多相或单相分散的药剂。分散溶剂多为水，根据分散相和分散溶剂的亲和力不同分为亲水胶体（高分子溶液）和疏水胶体（溶胶）。亲水胶体是由高分子化合物组成，呈单相体系；疏水胶体是由多个低分子（10^3～10^6）聚集而成，呈多相体系。

二、预习要领

（1）胶体溶液分散相的形式和粒子大小。
（2）胶体溶液的制备方法。
（3）高分子溶液和溶胶的区别与联系。
（4）高分子溶液的溶解过程与真溶液有何区别与联系？
（5）胶体溶液的质量要求。如何判断所制备胶体溶液的质量？

三、实验目的

通过实验，学习并掌握两种胶体溶液型液体药剂（高分子溶液和溶胶）的特点、性质和制备方法。掌握潜溶和增溶的方法。

四、实验原理

亲水胶体溶液的制备方法基本上与真溶液相同，由于分散相是高分子，制备时需注意"溶胀过程"，宜采用分次撒于水面上，令其充分膨胀而胶溶；或加适量润湿剂（如乙醇、甘油），后加水振摇或搅拌使之胶溶；有的亲水胶体可以通过表面活性剂增溶的方式制备。一般亲水胶体不宜直接将水加入胶粉中，否则结成块，使水难进入团块中心。本实验中羧甲基纤维素钠胶浆、甲紫溶液、甲酚皂溶液属于高分子溶液。

疏水胶体可以采用分散法或凝聚法制备，如本实验中的氢氧化铝凝胶。

五、实验仪器与材料

（1）仪器：天平、烧杯、量筒、量杯、药匙、玻璃棒、电热套、温度计、滤纸、纱布、棉花。

（2）材料：甲紫、乙醇、CMC-Na、甲酚、花生油、氢氧化钠、甘油、明矾、碳酸钠、薄荷油、5%尼泊金乙酯、纯化水。

六、实验内容

（一）甲紫溶液

【处方】　甲紫　　　　　　0.5g

| 乙醇 | 5ml |
| 纯化水 | 加至50ml |

【制法】 取甲紫0.5g，加乙醇5ml，搅拌溶解，搅拌下加纯化水30ml使溶解，用纯化水冲洗容器，至50ml。

【样品图片】

【用途】 消毒防腐药。外用于防治皮肤、黏膜的化脓性感染。治疗黏膜感染，用1%水溶液外涂，一日2~3次；用于烧伤、烫伤，用0.1%~1%水溶液外涂。

本品主要成分：甲紫为氯化四甲基副玫瑰苯胺、氯化五甲基副玫瑰苯胺与氯化六甲基副玫瑰苯胺的混合物。甲紫溶液为其乙醇和水的1%溶液。

紫药水（又名龙胆紫、甲紫）是甲紫的1%的乙醇溶液，呈紫色。

龙胆紫糊：1%的甲紫和糊精的等量混合物。

图2-1 甲紫溶液的制备

【操作要点和注意事项】

(1) 操作过程中避免将手指染紫，同时避免使甲紫污染台面、地板、水池和抹布等，否则难以清洗。

(2) 甲紫在水中的溶解度约为1∶(30~40)，在乙醇中溶解度为1∶10。

(3) 实验中的乙醇要用95%医用乙醇。

(二) 羧甲基纤维素钠胶浆

【处方】	羧甲基纤维素钠	1g
	甘油	10ml
	5%尼金泊乙酯	0.1ml
	香精	q.s（胶头滴管1滴）
	纯化水	加至50ml

【制法】 将羧甲基纤维素钠溶于30ml热水中，分散后加入尼泊金乙酯、甘油，放冷后加香精，加纯化水至50ml。

【样品图片】

图2-2 制备失败的羧甲基纤维素钠胶浆　　图2-3 溶胀状态的羧甲基纤维素钠胶浆

【用途】 润滑剂,用于腔道和器械检查。

【操作要点和注意事项】

(1) 羧甲基纤维素钠(CMC-Na)溶胀时间较长,此实验应先做。

(2) 羧甲基纤维素钠需少量分次撒入水中,否则结块。

(3) 羧甲基纤维素钠水溶液长期保存,需加入抑菌剂。

(4) 甘油的作用:保湿作用;润湿剂;助悬剂;甜味剂;脱水剂。

(5) 羧甲基纤维素钠胶浆制备时以下三种做法:热水撒入;CMC-Na与甘油先润湿;冷水溶胀。哪种方式好?加入热水还是相反?为什么?

(6) 羧甲基纤维素钠在任何温度水中均易分散,形成透明、胶状溶液,溶液加热灭菌后会导致黏度下降。

(7) 羧甲基纤维素钠遇阳离子型药物及碱土金属、重金属盐能发生沉淀,故不能使用季铵盐类和汞类防腐剂。

(8) CMC-Na为白色、吸湿性粉末或颗粒,无臭,226～228℃变成褐色,252～253℃碳化,所以若加热应注意温度。冷热水中均溶解但冷水中溶解慢,不溶解于一般的有机溶剂。

(9) CMC-Na溶液在pH 5～7时黏度最高,pH低于5时或高于10时黏度迅速下降,一般药品pH为6～8。

(三)甲酚皂溶液

【处方】
- 甲酚　　　　12.5ml
- 花生油　　　5ml
- 氢氧化钠　　0.7g
- 纯化水　　　适量至25ml

【制法】 取氢氧化钠加水2～3ml溶解后,放冷至室温,不断搅拌下加入花生油中使均匀乳化,放置30min后慢慢加热(水浴),当皂体颜色加深呈透明状时(需15～20min)再搅拌,至皂化完全,趁热加入甲酚搅拌至皂块全溶,放冷,加纯化水至25ml。

【样品图片】

(a)

(b)

图2-4 甲酚皂的制备
(a) 成功;(b) 皂化不完全,不成功

【用途】 本品1%～2%水溶液用于手部消毒;器械和排泄物消毒需用5%～10%水溶液。

【操作要点和注意事项】

(1) 溶解氢氧化钠需用水限制在2～3ml,否则容易失败。

(2) 注意加入顺序:应将氢氧化钠溶液加入到花生油中,而不是相反。并应注意搅拌的力度和方向。

(3) 甲酚滴加应趁热,但不能在水浴上加入甲酚。

(4) 皂化过程中不要搅拌。

(5) 实验时可加入少量乙醇加速皂化的进行。

（四）氢氧化铝凝胶

【处方】
明矾　　　　　　　5g
碳酸钠　　　　　　2.3g
薄荷油　　　　　　0.5d（d为胶头滴管1滴）
5%尼泊金乙酯　　　1d
纯化水　　　　　　至15ml

【制法】　分别取热纯化水50ml和19ml将明矾和碳酸钠溶解，配成浓度为10%和12%的水溶液。保温在50～60℃时，将明矾溶液缓缓加入到碳酸钠溶液中，同时急速搅拌。反应停止后，取混悬液25ml用5～7层纱布过滤，用水反复洗涤所得沉淀物至无硫酸根离子，并无滤液滴下为止。

将沉淀物分散于5ml水中，加入薄荷油、尼泊金乙酯搅拌溶解，加水至15ml，搅拌均匀即得。

【样品图片】

图2-5　化学凝聚法制备氢氧化铝凝胶

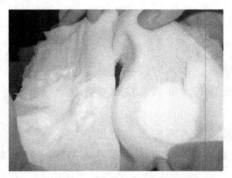
图2-6　滤过后氢氧化铝凝胶的形态

图2-7　氢氧化铝凝胶形态

【用途】　中和胃酸药，用于胃及十二指肠溃疡。配成4%，一次5～8ml，一日15～24ml。

【操作要点和注意事项】

（1）将明矾液加入到碳酸钠溶液中，顺序不可颠倒。加入时应缓慢，使明矾液成一条细液流进入碳酸钠溶液，同时应急剧搅拌，此步为凝胶制备成败的关键。

（2）反应温度不能太高，应控制在50～60℃。

（3）此制法为化学凝聚法，反应式：

$$2KAl(SO_4)_2 + 3Na_2CO_3 + 3H_2O \longrightarrow 3Na_2SO_4 + 2Al(OH)_3\downarrow + K_2SO_4 + 3CO_2\uparrow$$

七、质量检查

本实验所用羧甲基纤维素钠胶浆、甲紫溶液、甲酚皂溶液属于高分子溶液，而氢氧化铝凝胶则属于疏水胶体。

高分子溶液不属于单独的一类剂型，只是相关液体剂型的存在形式，因此其质量除了在物理化学上达到制备要求外，还应符合相关药品质量标准的要求：外观应均匀、透明，无可见微粒、纤维等物。检查、鉴别、含量测定等内在指标按《中国药典》或有关制剂手册各制剂项下检查方法检查，应符合要求。

(1) 甲紫溶液：深紫色溶液，用比色法测定含量，含甲紫应为 0.95%～1.05%。

(2) 羧甲基纤维素钠胶浆：无色、透明、黏稠液体，黏度、流动性应符合要求。

(3) 甲酚皂溶液：所得皂体应呈乳黄色块状物。成品为棕红色溶液，具甲酚臭味。皂化完全度的检查：取 1 滴液体加 9 滴水，无油析出。

(4) 氢氧化铝凝胶：所得滤过物为细腻嫩白的半固体膏状物，加水配成 4% 凝胶后对光泛微蓝光。

表 2-1 胶体溶液质量检查结果

胶体溶液	类别	制备原理	颜色	形态	澄明度	气味
甲紫溶液						
羧甲基纤维素钠胶浆						
甲酚皂溶液						
氢氧化铝凝胶						

八、安全提示

(一) 甲紫溶液

(1) 面部有溃疡性损害时应慎用，不然可造成皮肤着色。

(2) 治疗鹅口疮时，只在患处涂药，如将溶液咽下可造成食管炎、喉头炎。

(3) 涂药后不宜加封包。

(4) 大面积破损皮肤不宜使用。本品不宜长期使用。

(5) 甲紫染到手上时，洗衣粉洗不掉，应该用乙醇或 1.25% 稀盐酸清洗。

(二) 甲酚皂溶液

(1) 甲酚皂溶液对皮肤、黏膜有腐蚀性。

(2) 甲酚操作时应格外注意，更不能加热。

九、常见胶体溶液及其应用

1. 胃蛋白酶合剂

【处方】 胃蛋白酶 (1 : 3000) 1.5g，稀盐酸 1.0ml，橙皮酊 1.0ml，单糖浆 5.0ml，5% 尼泊金乙酯 0.2ml，纯化水加至 50ml。

【规格】 100ml。

【用法】 口服，一次 10～20ml，一日 3 次，饭前或饭时服。

【用途】 本品主要用于缺乏胃蛋白酶、病后消化功能减退、蛋白性食物食用过多所致消化不良等症。

2. 枸橼酸铁铵合剂

【处方】 枸橼酸铁铵 10g，单糖浆 200ml，食用香精适量，5% 羟苯乙酯溶液 10ml，纯化水加至 1000ml。

【规格】 120ml。

【用法】 口服，3 次/日，一次 10ml，小儿酌减。

【用途】 用于缺铁性贫血。

3. 氢氧化铝凝胶

【处方】 白矾20g，碳酸钠9g，纯化水加至40ml。
【规格】 4%。
【用法】 一次5~8ml，一日15~24ml。
【用途】 中和胃酸药，用于胃及十二指肠溃疡。

4. 磺胺嘧啶锌灌肠液

【处方】 磺胺嘧啶锌3g，CMC-Na 0.5g，纯化水加至100ml。
【规格】 保留灌肠。
【用法】 一次100ml，每晚1次。
【用途】 抑菌和收敛作用，用于慢性结肠炎。

十、常见问题及思考

（一）甲紫溶液

(1) 甲紫溶于乙醇后应该加入水中还是将水加入，结果一样吗？为什么？
(2) 在回收废甲紫溶液的容器内为什么会有泡沫状的深紫色漂浮物？
(3) 甲紫溶液的制备属于哪种增加溶解度的方式？

（二）羧甲基纤维素钠胶浆

(1) 制备时需将羧甲基纤维素钠加入热水还是相反？为什么？
(2) CMC-Na属何种液体药剂？
(3) 为什么有的组所做的羧甲基纤维素钠胶浆是浅紫色？
(4) 香精为什么在制备接近结束时才加？
(5) 气泡有何危害？如何除掉气泡？

（三）甲酚皂溶液

(1) 甲酚皂溶液的制备属于哪种增加溶解度的方式？
(2) 如何判别皂化进行的程度？

（四）氢氧化铝凝胶

(1) 如何确保沉淀物中无硫酸根离子？
(2) 氢氧化铝是疏水胶，羧甲基纤维素钠是亲水胶，可以用CMC-Na胶浆来预防"陈化现象"吗？
(3) 化学凝聚进行时为什么要缓缓加入反应液，同时为什么要急剧搅拌？

十一、废弃物处理及回收利用

(1) 甲紫及其溶液漏、洒、溅等情况应避免，因为难以清洗，造成较大的卫生处理问题。实验结束时应将欲废弃的甲紫溶液集中，统一丢弃或掩埋。
(2) 甲酚皂溶液有刺激性，应统一废弃和掩埋，并注意通风和冲洗。

实验三　混悬型液体药剂的制备

一、相关背景知识

（1）混悬剂是液体制剂的一种，与真溶液不同，其外观混浊、半透明或呈现分层，临用前须摇匀使用。

（2）混悬剂的稳定性是相对的，沉降或分层是必然的。

（3）符合要求的、相对稳定的混悬剂可以通过助悬、絮凝、反絮凝等方式解决。

（4）混悬剂的载药量较大，不适宜于剂量小和毒性强的药物。

（5）混悬剂常用的制备方法有研磨法和凝聚法，生产上采用胶体磨、乳匀机、球磨机等设备完成。

（6）混悬剂有液态混悬剂和干混悬剂两种。

（7）混悬剂的稳定性可以通过沉降体积比来评价。

（8）混悬剂的沉降速度跟混悬粒子与混悬介质的密度差、混悬介质的黏度有关，遵从Stokes定律：

$$V = 2r^2(\rho_1 - \rho_2)g/9\eta$$

式中，r 是混悬粒子的半径，ρ_1 是混悬粒子的密度，ρ_2 是混悬介质的密度，g 是重力加速度，η 是混悬介质的黏度。

二、预习要领

（1）混悬剂与溶液剂、胶体、乳剂相比有何特点和优势？

（2）我们为什么需要难以制备而且容易分层的混悬剂？

（3）什么样的混悬剂是稳定的？如何制备稳定的混悬剂？

（4）如何评价混悬剂质量？

（5）干混悬剂如何制备？如何评价其质量？

三、实验目的

掌握亲水性药物和疏水性药物制成混悬剂的方法，熟悉助悬剂、表面活性剂、絮凝剂和反絮凝剂的作用。

四、实验原理

混悬型液体药剂系指难溶性固体药物的粉末，以 0.5~50μm 大小的质点分散在液体分散溶剂中，所形成的液体药剂，其中分散溶剂多为水。优良的混悬剂中药物应细腻、分散均匀、沉降较慢；沉降后轻振摇能重新分散，不结块。

根据 Stokes 定律，为使药物颗粒沉降缓慢，可采取减少颗粒的半径、增加溶剂的黏度、减少微粒和溶剂的密度差等方法；还可以通过加助悬剂、表面活性剂、絮凝剂、反絮凝剂等方法来增加混悬液的稳定性。

本实验中应用西黄芪胶来增加混悬液的黏度，并在微粒表面形成一层水化膜，防止微粒的聚集。炉甘石、氧化锌微粒在水中带负电荷，可因同电荷排斥作用，不易聚集，一般以单微粒沉降；加入适量带相反电荷的三氯化铝，可降低微粒的 ζ-电位，使微粒形成网状疏松的聚集体（絮凝），从而防止沉降物结块而重新分散。若在其中加入带相同电荷的枸橼酸钠，则可以增加微粒的 ζ-电位而防止聚集（反絮凝），并能增加混悬液的流动性使其易倾倒。

疏水性混悬型液体药剂，可加入适量的亲水胶体或表面活性剂增加其浸润性。

五、实验仪器与材料

(1) 仪器：天平、25ml 和 50ml 带刻度比浊管、乳钵、量杯、量筒、小烧杯、直尺。
(2) 材料：炉甘石、氧化锌、甘油、三氯化铝、西黄芪胶、枸橼酸钠、沉降硫、硫酸锌、樟脑醑（xǔ）、纯化水。

六、实验内容

(一) 炉甘石洗剂（亲水性药物的混悬剂）

【处方】

表 3-1　炉甘石洗剂配方组成表

处　方	序　号			
	1	2	3	4
炉甘石	4g	4g	4g	4g
氧化锌	4g	4g	4g	4g
甘油	5ml(6.4g)	5ml(6.4g)	5ml(6.4g)	5ml(6.4g)
西黄芪胶		0.5%(0.25g)		
三氯化铝			0.5%(0.25g)	
枸橼酸钠				0.5%(0.25g)
纯化水加至	50ml	50ml	50ml	50ml

【制法】

1. 制备稳定剂

处方 1：以 15ml 纯化水作空白对照。处方 2：称取西黄芪胶 0.25g，加少量的纯化水研成胶浆，备用。处方 3：称取三氯化铝 0.25g，加纯化水 15ml 溶解，备用。处方 4：称取枸橼酸钠 0.25g，加纯化水 15ml 溶解，备用。

2. 制备混悬剂

上述 4 个处方采用先合并、后分拆的方式，以加液研磨法制备。将甘油 20ml 置于干净、干燥、粗糙的大研钵中，称取过 100 目筛的炉甘石、氧化锌各 16g，少量多次与甘油一起研磨 5min，使成均匀糊状，加水 80ml 研匀，均分为 4 份，分别移入量筒，加入稳定剂，补水至全量 (50ml)，振摇 5min，静置，计时。分别记录 5min、15min、30min、45min 后沉降容积比 ($F=H_u/H_0$)，其中 H_0 为初高度，H_u 为经过 t 时间后沉淀高度，沉降容积比在 0~1，其数值越大，混悬液越稳定。实验结果填入表 3-2。

表 3-2 炉甘石洗剂沉降容积比观测记录表

时间/min	处方			
	1	2	3	4
5				
15				
30				
45				

【样品图片】

图 3-1　炉甘石洗剂的制备操作　　　　　图 3-2　炉甘石洗剂沉降观测对比图

【用途】 有收敛及轻度防腐作用，用于湿疹及止痒。适用于无渗出性的急性或亚急性皮炎、湿疹。

【操作要点和注意事项】

(1) 在制备混悬剂时辅料和原料的加入顺序：先将甘油铺撒在干净、干燥的研钵中，之后少量多次撒入氧化锌和炉甘石，每次撒入均应研磨均匀，使成糊状，加入其他成分，最后再加水，使混悬均匀。

(2) 研磨的时间与力度：每组的四个处方应该保持一致。

(3) 混悬剂转移至比浊管或加液时如果达不到50ml，按实际刻度计算；液面高度若超过50ml，则应用直尺测定高出液面的高度，转化成毫升数，加上比浊管原有刻度标示值，合记作 H_0。

(4) 混悬剂振摇过程中应注意气泡和漂浮物问题，要时时放气。

(5) 稳定剂若溶解较慢，可用温水。

(6) 炉甘石是指含有适量（0.5%～1%）氧化铁（着色剂）的碱式碳酸锌或氧化锌，略带微红色。也有规定，炉甘石按干燥品计算含氧化锌不得少于40%。炉甘石主要成分和氧化锌均为不溶于水的亲水性药物，能被水润湿，研磨成糊状后再与稳定剂水溶液混合，使微粒周围形成水化膜以阻碍微粒的聚合，振摇时易再分散。氧化锌有轻重之分，宜选轻质的为好。炉甘石洗剂中的炉甘石和氧化锌应混合过120目筛。

(7) 炉甘石洗剂属于混悬型制剂，若配制不当或助悬剂使用不当，就不易保持良好的悬浮状态，并且涂用时也会有砂砾感。久贮颗粒凝结，虽振摇也不易再行分散。改进本品的悬浮状态有多种措施，如：①应用高分子物质（如纤维素衍生物等）作助悬剂；②用控制絮凝的方法来改进，常采用0.25～0.5mmol/L的三氯化铝作絮凝剂或与0.005%～0.01%（体积分数）新洁尔灭联合使用；或采用0.5%枸橼酸钠作反絮凝剂，亦可同时与适宜助悬剂联合使用等。

(二) **复方硫黄洗剂** (疏水性药物的混悬剂)

【处方】
沉降硫	3g
硫酸锌	3g
樟脑醑	25ml
甘油	10ml
吐温-80	0.2g
纯化水	加至 100ml

【制法】 将 $ZnSO_4$ 溶于 20ml 水，称取沉降硫于乳钵中，加 10ml 甘油研匀，再缓缓加入硫酸锌液研匀后，加入吐温-80 研磨均匀，再缓缓加入樟脑醑，边加边研至均匀，最后再加纯化水至 100ml。

将制得的复方硫黄洗剂振摇，静置于桌面，计时，观察悬浮时间。以能悬浮 20s 以上为优。

【操作要点和注意事项】

(1) 此法为加液研磨法。

(2) 沉降硫与甘油应先充分研磨混合均匀。

(3) 最终制得的混悬剂混悬状态维持时间主要取决于研磨的程度和混合过程中各种物料分散程度。

(4) 硫黄有升华硫、精制硫和沉降硫三种，以沉降硫的颗粒最细，故复方硫黄洗剂最好选用沉降硫。硫黄为典型的疏水性药物，不被水湿润但能被甘油所湿润，故应先加入甘油与之充分研磨，使其充分湿润后再与其他液体研和，有利于硫黄的分散。也可考虑应用 0.75%～1% (质量浓度) 甲基纤维素作助悬剂或 5% (体积分数) 新洁尔灭代替甘油作湿润剂。

(5) 复方硫黄洗剂中因含有硫酸锌而不能加入软肥皂作为湿润剂，因二者有可能产生不溶性的二价锌皂。加入樟脑醑时，应以细流慢慢加入水中并急速搅拌，防止樟脑醑因骤然改变溶剂而析出大颗粒。樟脑醑中含有乙醇，能使硫黄湿润，故亦可将硫黄先用樟脑醑湿润。

【样品图片】

图 3-3 复方硫黄洗剂的制备

【用途】 外用涂擦，有抑菌、收敛、止痒和保护作用，用于头皮脂溢性皮炎、酒糟鼻等。有时也用于治疗痤疮。

（三）氧化锌混悬剂

【处方】 见表 3-3。

表 3-3　氧化锌混悬液配方组成表

处方组成	序号			
	1	2	3	4
氧化锌	1.25g	1.25g	1.25g	1.25g
甘油		7.5ml		
CMC-Na			0.25g	
西黄芪胶				0.25g
纯化水加至	25ml	25ml	25ml	25ml

【制法】

1. 配制稳定剂

配方 2~4 分别量取 10ml 纯化水，置于干燥研钵中，分次分别加入甘油、CMC-Na、西黄芪胶，研磨均匀，使成溶液或细混悬物。配方 1 量取纯化水，置于干燥研钵中。

2. 制备混悬液

配方 1~4 分别少量多次加入 120 目的氧化锌细粉，边加边研磨成糊状物。用适量纯化水稀释后转入同样大小的 25ml 具塞比浊管中，加足量水，依次配好后，塞住管口，同时振摇，静置。分别记下第 5min、15min、30min、45min 后的沉降容积比 F（$F = H_u/H_0$，其中 H_0 为初始体积数，H_u 为经过 t 时间后沉淀体积数）。沉降容积比在 0~1，其数值越大，混悬液越稳定。实验结果请填入表 3-4。

表 3-4　氧化锌混悬液沉降容积比观测记录表

时间/min	处方			
	1	2	3	4
5				
15				
30				
45				

【操作要点和注意事项】

（1）氧化锌亲水而不溶于水，可被水润湿，制备时少量多次加入到研磨均匀的稳定剂中，使分散均匀。

（2）助悬剂的种类、用量和加入方式对氧化锌混悬液的稳定性至关重要，混悬剂使用不当会导致涂抹时有沙砾感，久贮沉淀难以再分散。

【用途】 有轻度收敛、止痒的作用，局部涂擦用于急性湿疹和亚急性皮炎。

七、混悬剂的质量要求和检验方法

1. 质量要求

（1）外观：应均匀分散。

（2）沉降体积比：$F = H_u/H_0$ 越接近 1，越稳定。

（3）混悬时间：混悬粒子振摇后的混悬维持时间越长，越稳定。

(4) 再分散所需翻转次数：所需翻转次数越少越稳定。
(5) 粒度：0.5~100μm，一般粒度越细，越有利于稳定。
2. 检验方法
(1) 沉降体积比的测定：按表 3-2 的方法观察和计算。
(2) 显微镜观察：以长短径、平均粒径等指标衡量。
(3) 再分散所需翻转次数：放置分层后的混悬剂，180°翻转，使混悬剂分散均匀，计所需翻转次数。

八、常见问题及思考

（一）炉甘石洗剂

(1) 在相同的剂量、温度和混悬状况下，助悬剂、絮凝剂和反絮凝剂对炉甘石稳定性的影响哪个最大，哪个最小？
(2) 混悬剂的沉降容积比小于等于多少的时候，该溶液不及格？
(3) 与炉甘石相比复方硫黄洗剂沉降得快，是配方的问题吗？
(4) 炉甘石洗剂中为什么稳定剂需要先用水溶解，而不是直接把研磨好的炉甘石、氧化锌倒入稳定剂中一起研磨？研磨已经充分的标准是什么？
(5) 如果炉甘石洗剂超过 50ml，可采取哪些方法去解决而不影响实验结果？
(6) 为什么有的组中有的炉甘石配方会出现 45min 后都不沉淀的情况？
(7) 为什么有的炉甘石洗剂一半悬浮、一半沉降，有的沉降体有裂缝？
(8) 为什么有的混悬剂有分层，但分界线不明显？
(9) 振摇后不放气的后果是什么？

（二）复方硫黄洗剂

(1) 有的小组在加 $ZnSO_4$ 与樟脑醑研磨后，发现液面上有一层膜，混悬剂倒掉后，液膜以条形黄线黏留在研钵中，难以清洗。据此描述，能否判断制备过程出了什么问题？
(2) 复方硫黄洗剂制备过程中为什么要缓缓加入樟脑醑并搅拌？樟脑醑在沉降硫研磨时加入可以吗？若可以，那一边研磨一边加好还是一次性加入再研磨好？
(3) 樟脑醑中含有乙醇可否先用樟脑醑润湿沉降硫，制得的效果有无差异？
(4) 复方硫黄洗剂属于物理不稳定的混悬剂，质量优劣的判别标准是什么？为什么？

九、常见药用混悬剂及其应用

1. 复方氢氧化铝混悬液凝胶
【处方】　白矾 8g，碳酸钠 3.6g，纯化水至 16ml。
【用途】　抗酸药，中和胃酸药，用于胃及十二指肠溃疡。
【规格和用法】　一次 4~8ml，一日 12~24ml。
2. 磺胺嘧啶锌灌肠液
【处方】　磺胺嘧啶锌 1.5g，CMC-Na 0.25g，纯化水至 50ml。
【用途】　抑菌和收敛作用，用于慢性结肠炎。
【规格和用法】　保留灌肠，一次 100ml，每晚 1 次。

实验四　乳剂型液体药剂的制备

一、相关背景知识

乳剂是 4 种液体药剂之一。

乳剂是由两种互不相溶的液体组成的非均相分散体系，其中一种液体往往是水或水溶液，另一种液体以小液滴的形式分散在另一种液体之中，一般分为水包油型（O/W 型）、油包水型（W/O 型）和复合型乳剂（W/O/W 型或 O/W/O 型）。为使被分散液体稳定存在，通常加入一种能降低油水表面张力的乳化剂，并通过外力搅拌、能量传递才能得到比较稳定的乳剂。因此乳剂能够形成的基本条件有两个：一是合适类型和用量的乳化剂，二是做功。小量制备乳剂可在乳钵中用手工研磨或在瓶中强烈振摇制得，大量生产乳剂时，采用搅拌机、乳匀机和胶体磨来制备。

乳剂的类型一般可用稀释法或染色法鉴别。

二、预习要领

(1) 乳剂分散相的分散形式和粒子大小范围。
(2) 乳剂的制备方法。
(3) 乳化剂在乳剂制备过程中的作用。
(4) 乳剂的类型、质量要求和检验方法。

三、实验目的

掌握乳剂的一般制备方法及其质量要求，了解乳剂的常用鉴别方法。

四、实验原理

(1) 以新生态的皂为乳化剂制备乳剂。
(2) 以分散法中的干胶法和湿胶法制备乳剂。
(3) 油与水之所以能够形成乳剂，必备的两个条件是：乳化剂的存在、能量的传递。

五、实验仪器与材料

(1) 仪器：天平、乳钵、量杯、量筒、小烧杯、玻棒、带塞广口瓶、载玻片、显微镜、试管。

(2) 材料：氢氧化钙溶液、花生油、液体石蜡、阿拉伯胶、西黄芪胶、尼泊金乙酯、亚甲蓝、纯化水。

六、实验内容

（一）石灰搽剂

【处方】　氢氧化钙溶液　　　　　　　10ml
　　　　　花生油　　　　　　　　　　10ml

【制法】 量取氢氧化钙溶液 10ml 及花生油 10ml 置带塞广口瓶中，加塞强烈振摇，至少振摇 10min，使成乳剂，即得。

【样品图片】

【操作要点和注意事项】

(1) 振摇要剧烈，以使皂化和乳化充分，否则所制乳剂容易分层。但在振摇时注意适时地放气。

(2) 石灰搽剂是以氢氧化钙与植物油中的少量游离脂肪酸进行皂化反应形成的钙皂作为乳化剂，石灰水为水相和主药，植物油为油相，一起乳化而制得的。植物油可以为花生油、豆油、麻油等，因多用于创伤面，需干热灭菌后使用。

图 4-1 石灰搽剂的制备

(3) 石灰搽剂久置若有分层现象，一般有三个原因：一是油和氢氧化钙液的称量不准确，出现油或钙液过量；二是皂化和乳化不够，振摇达不到要求；三是残存在瓶壁上的油所致。

(4) 本品的治疗作用原理：钙能使毛细血管收缩，抑制烧伤后的体液外渗，钙肥皂还可中和酸性渗出液、减少刺激，脂肪油对创面也有滋润和保护作用。

【用途】 具有收敛、保护、润滑、止痛等作用。外用涂抹，治疗轻度烧伤和烫伤。

(二)、液状石蜡乳

【处方】
液状石蜡	6.0ml
阿拉伯胶（细粉）	2.0g
西黄芪胶（细粉）	0.25g
5％尼泊金乙酯溶液	0.02ml
纯化水	加至 20ml

【制法】

1. 干胶法

量取液体石蜡加至干净、干燥且粗糙的乳钵中，使铺展于研钵内壁。先后取西黄芪胶粉及阿拉伯胶粉，少量多次撒入液体石蜡，每次撒入均需研磨使胶粉充分分散，研匀制成胶浆后，一次性加入纯化水 4ml，边加边研，研磨至有噼啪声时乳剂形成，再滴加 5％尼泊金乙酯溶液和纯化水研匀至足量（20ml）。

2. 湿胶法

取纯化水 4ml，加至干净且粗糙的乳钵中，使铺展于研钵内壁。少量多次撒入西黄芪胶粉与阿拉伯胶粉，每次撒入均需研磨使胶粉充分分散，研匀制成胶浆后，再分次加入液状石蜡，边加边研至有噼啪声时乳剂形成，再滴加 5％尼泊金乙酯溶液和纯化水研匀至足量（20ml）。

图 4-2 液状石蜡乳的制备

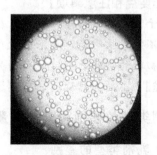

图 4-3 液状石蜡乳的显微图片

【操作要点和注意事项】

(1) 干胶法制备乳剂时,水应呈细流状缓缓一次加入,且边加边研磨,迅速沿一个方向研至初乳形成。水若非一次性加入,添加水量不足或加水过慢时,会由于相的比例差异悬殊而导致形成 W/O 型初乳,难以转型为 O/W 型,即使转型成功也容易破裂,要得到理想的乳剂需长久研磨。同时,若在初乳中添加水量过多,因外相水液的黏度较低,不能把油很好地分散成油滴,制成的乳剂也不稳定和容易破裂。故应严格按照干胶法制备初乳的各项要求操作。

(2) 湿胶法加液体石蜡时应分次加入,边加边研磨,切忌一次性加入过多。否则会形成豆腐渣样黏浊物。

(3) 西黄芪胶很少单独使用,一般与阿拉伯胶合用以互补,阿拉伯胶黏度相对较低而西黄芪胶乳化力弱,合用可防止液滴合并和乳剂分层。

(4) 阿拉伯胶和西黄芪胶都有吸湿性,容易结块,用前应检查。

(5) 干胶法适用于乳化剂为细粉者,湿胶法所用乳化剂可以不是细粉,但应能预先制成胶浆,胶-水比例为 1:2。

(6) 乳剂制备所用乳钵必须干净、干燥、内壁粗糙。

(7) 液体石蜡是矿物油,在肠中不吸收、不消化,对肠壁及粪便起润滑作用,并能阻抑肠内水分吸收,因而可促进排便,为润滑性轻泻剂。

【用途】 轻泻剂。用于治疗便秘,特别适用于高血压、动脉瘤、疝气、痔及手术后便秘的病人,可以减轻排便的痛苦。

(三) 鱼肝油乳剂

【处方】
鱼肝油　　　　　　　　12.5ml
阿拉伯胶 (细粉)　　　　3.1g
西黄芪胶 (细粉)　　　　0.17g
尼泊金乙酯　　　　　　0.05g
纯化水　　　　　　　　加至 50ml

【制法】

1. 干胶法

按油:水:胶 (4:2:1) 比例,将油与胶轻轻混合均匀,一次性加入纯化水 6.3ml,向一个方向不断研磨,边加边研,至乳剂有噼啪声,形成稠厚的乳白色初乳,再加水稀释研磨至足量。

2. 湿胶法

阿拉伯胶与水先研成胶浆,再加入西黄芪胶,然后分次加油,边加边研磨至乳剂有噼啪声,形成稠厚的乳白色初乳,再加水稀释研磨至足量。

【操作要点和注意事项】

(1) 干法应选用干净、干燥、粗糙乳钵,量器分开。研磨应均匀、用力,制备过程中不能停止,不能时快时慢,也不能改变方向。

(2) 初乳的制备是关键。必须先制成初乳后,方可加水稀释。

【用途】 本品为营养药,常用于维生素 A、维生素 D 缺乏症。

七、乳剂类型的鉴别和乳剂质量检查

(一) 乳剂类型的鉴别

(1) 稀释法:取试管 2 支,分别加入自己配制的液状石蜡乳和石灰搽剂各 1ml,再加入纯化水 5ml，振摇或翻转数次，观察实验现象，根据实验结果判断上述两种乳剂的类型。

（2）染色法：取自己配制的液状石蜡乳、石灰搽剂和鱼肝油乳分别涂在载玻片上，以水溶性染料亚甲蓝染色，在显微镜下观察实验现象，并根据实验结果判断乳剂类型。另做涂片，取油溶性染料苏丹Ⅲ染色，显微镜观察乳剂类型。同时，应用目镜上的标尺，判断乳滴大小和均匀度。必要时以相机拍摄乳滴视野面。

（3）亲水性：取少许乳剂涂抹在手心，以玻璃棒蘸少量水与之混合，根据混溶状况判断乳剂类型。

将乳剂类型鉴别的结果填入表 4-1。

表 4-1 乳剂类型的鉴别

染色剂	石灰搽剂		液状石蜡乳		鱼肝油乳	
	内相	外相	内相	外相	内相	外相
苏丹红						
亚甲蓝						
结论（乳剂类型）						

（二）乳剂质量检查

乳剂外观应均匀细腻，无悬浮、沉淀、分层，无气泡或气泡较少。乳滴直径越小，乳剂越稳定，乳剂外观也越白。高品质的乳剂甚至隐泛蓝色乳光。乳剂的稳定性是最重要的质量制备，有如下几种考察方法。

1. 离心法

取 3 支刻度离心管，分别填装 5ml 石灰搽剂、液状石蜡乳、鱼肝油乳并以 4000r/min 离心 15min，如不分层则认为质量较好。

2. 快速加热试验

取 5ml 石灰搽剂、液状石蜡乳、鱼肝油乳分别装于 3 支具塞试管中，塞紧并置 60℃ 恒温水浴 60min，如不分层则乳剂稳定。

3. 冷藏法

取 5ml 石灰搽剂、液状石蜡乳、鱼肝油乳分别装入 3 支具塞试管中（塞紧），冷冻 30min，如不分层（或乳滴不粗化）则乳剂稳定。

将乳剂稳定性考察的结果填入表 4-2。

表 4-2 乳剂稳定性考察结果

制剂	离心法	快速加热试验	冷藏法
石灰搽剂			
液状石蜡乳剂			
鱼肝油乳			

八、常见问题及思考

（1）所制得的产品属何种类型的乳剂，如何判断？各处方中乳化剂是什么？

（2）干胶法和湿胶法的根本区别何在？干胶法和湿胶法制备的乳剂在黏度、颜色、气泡、细腻度方面有何差异？能否判断哪种方法更好？

（3）干胶法和湿胶法制得的乳剂类型是一样的吗？是水包油还是油包水？

(4) 石灰搽剂属何种类型的乳剂？其所用乳化剂是什么？

(5) 为何新生态的皂的乳化能力强于直接加肥皂？

(6) 分析液体石蜡乳的处方并说明各成分的作用。

(7) 石灰搽剂制备时所用的植物油若改成动物油或矿物油情况会怎样？

九、常见药用乳剂及应用

1. 松节油搽剂

【处方】 松节油 6.5ml，樟脑 0.5g，软皂 0.75g，纯化水加至 10ml。

【规格】 10ml。

【用法】 外用，用脱脂棉蘸取少量，涂擦患处，并搓揉。

【用途】 对治疗肌肉疼痛、风湿性关节炎及周围神经炎均有疗效。少量可作驱虫药和消毒防腐剂，并有祛痰和利尿作用。

【注意】 大量服松节油可导致腹泻，引起肠和肾出血。吸入过量，对中枢神经系统有先兴奋后麻痹的作用。

2. 营养乳剂

【处方】 豆油 10%，豆磷脂 1.1%，甘油 2.5%，纯化水加至 100%。

【规格】 10g/100ml，15g/100ml，20g/100ml；25g/250ml，37.5g/250ml。

【用法】 静脉滴注。

【用途】 静脉用的营养药，提供营养所需的热量和必需脂肪酸。

3. 硅乳

【处方】 二甲基硅油（500～1000mm^2/s）2ml，轻质二氧化硅 1.0g，平平加 A-20 0.12g，柔软剂 SG1.38g，5%对羟基苯甲酸乙酯溶液 0.2ml，纯化水适量至 100ml。

【用法】 口服，一次 2ml。

【用途】 消泡用。用于胃镜、X 线胃肠道检查时消泡用，可提高诊断效果，也可以用于消除各种原因引起的腹胀。

4. 防铬乳剂

【处方】 十八醇 5g，维生素 C 0.5g，吐温-80 5ml，单硬脂酸甘油酯 2.5g，酒石酸钾 0.3g，达克罗宁 0.1g，羧甲基纤维素钠适量矫味剂适量，纯化水加至 25ml。

【用法】 直接涂抹于鼻腔内，也可用于预防，事后用水洗去即可。皮肤铬疮也可用本品涂擦。

【用途】 用于治疗铬中毒引起的鼻病，有保护鼻黏膜、止痛、防鼻血、促进坏死组织愈合等作用。

实验五　浸出药剂的制备

一、相关背景知识

酊剂系指药品用规定浓度的乙醇浸出或溶解而制成的澄清液体制剂，也可用流浸膏稀释而成。除另有规定外，一般酊剂每100ml相当于原药物20g。含有毒、剧药品的酊剂的有效成分，应根据其半成品的含量加以调整，使符合该酊剂项下的规定，也可按酊剂每100ml相当于原药物10g。酊剂可用溶解法、稀释法、浸渍法、渗漉法制备。其中渗漉法优点多，使用广泛。

流浸膏是指药材用适宜的溶剂浸出有效成分，蒸去部分溶剂，调整浓度至规定标准而制成的制剂。流浸膏除另有规定外，每1ml相当于原药材1g。除另有规定外，流浸膏剂多用渗漉法制备，某些以水为溶剂的中药流浸膏也可用煎煮法制备，亦可用浸膏加规定溶剂稀释制成。渗漉法制取流浸膏剂的工艺流程为：药材粉碎→润湿→装筒→排气→浸渍→渗漉→浓缩→调整含量。

煎膏剂又称"膏滋"，是将药材加水煎煮，去渣浓缩后，加砂糖、冰糖、饴糖或蜂蜜制成的稠厚半流体状制剂，有滋补、调理的作用，用于治疗慢性病和久病体虚者。该剂型吸收快，浓度高，体积小，便于保存，可备较长时间服用。

清膏是一类浸出药剂的中间产品或过渡产物。根据药材性质和煎煮难易程度，每种药材的浸出溶剂、煎煮时间都有所不同，依药材比量法所得清膏的比例和稠度也不尽相同。

二、预习要领

(1) 浸出药剂的种类。
(2) 酊剂、流浸膏剂、煎膏剂和清膏的概念。
(3) 酊剂、流浸膏剂、煎膏剂和清膏的制备方法。

三、实验目的

掌握分别用溶解法、渗漉法、煎煮法制备酊剂、流浸膏剂、煎膏剂的基本制备过程。

四、实验原理

一般情况下，酊剂每100ml相当于原药材20g。

除另有规定外，流浸膏多用渗漉法制备，亦可用浸膏剂加规定溶剂稀释而成。流浸膏每1ml相当于原药材1g。

五、实验仪器与材料

(1) 仪器：天平、量筒、药匙、玻棒、渗漉筒、烧杯、电热套。
(2) 材料：碘、碘化钾、60%乙醇、桔梗（粗粉）、纯化水、益母草（切小段）。

六、实验内容

（一）碘酊（2%）

【处方】　碘　　　　　　　　0.5g

碘化钾　　　　　　　　0.4g
乙醇　　　　　　　　　12.5ml
纯化水适量　　　　　　共制成 25ml

【制法】　取碘化钾加纯化水 1ml 溶解后，加碘搅拌使溶，再加乙醇溶解，加入适量纯化水使成 25ml 即得。

【操作要点和注意事项】

(1) 乙醇用 95% 乙醇。

(2) 比较复方碘溶液与碘酊之异同。

(3) 碘酊贮存不可直接用木塞。若用软木塞密塞时，应加一层蜡纸，以防软木塞中的鞣酸使碘沉淀。大量配制时宜用棕色玻璃磨口瓶盛装，冷暗处保存。

(4) 碘与碘化钾形成络合物后，碘在溶液中更稳定，不易挥发损失；且能避免或延缓碘与水、乙醇发生化学变化产生碘化氢，使游离碘的含量减少，使消毒力下降，刺激性增强。

(5) 碘在水中的溶解度为 1：(30～40)，在乙醇中溶解度为 1：13，在该处方中，不加碘化钾，碘也可完全溶解在乙醇中，但切不可将碘直接溶于乙醇后再加碘化钾，否则失去加碘化钾络合的意义。

(6) 碘酊忌与升汞溶液同用，以免生成碘化汞钾，增加毒性，对碘有过敏反应者忌用本品。

【用途】　外用于皮肤感染和消毒。

【样品图片】

图 5-1　合格的碘酊　　　　　　　　图 5-2　不合格的碘酊（杯底有不溶物）

(二) 桔梗流浸膏

【处方】　桔梗（粗粉）　　　　　　（相当于）30g
　　　　　70%乙醇适量　　　　　　共制成 30ml

【制法】　按渗漉法制备。称取桔梗粗粉，加 70% 乙醇适量使均匀湿润、膨胀后，加 70% 乙醇浸没，浸渍 48h 以上。取药材浸提混合物 75ml，分次均匀填装于渗漉筒内，以 1 滴/s 至 1 滴/2s 的滴速缓缓渗漉，先收集 25ml 初漉液，另器保存，继续 2 滴/s 渗漉，以得续漉液 20ml，经水浴浓缩后至 5ml，必要时用棉花过滤，与初漉液合并，调整至 30ml，静置数日，过滤，即得。

【操作要点和注意事项】

(1) 桔梗应为粗粉，实验准备老师事前 48h 用适当容器浸泡，参考数值：2.4kg 桔梗粗粉得 6000ml 粉醇混合物。加醇时以 70% 乙醇仅浸没过药材为准。

(2) 不可用低浓度乙醇，防止皂苷水解。

(3) 因棉花塞填太紧而致滴速太慢时，可用玻璃棒轻轻挤压棉花。
(4) 棉花不可填装太多太厚，否则会影响浸出效果。
(5) 棉花需润湿并贴紧渗漉筒内壁，润湿应用70%乙醇，用量不可过多，否则渗漉液偏浅。
(6) 初滤液应掌握其滴速为1滴/s，而续滤液滴速为2滴/s。

【用途】 祛痰剂，常用于配制咳嗽糖浆。

【样品图片】

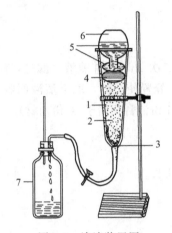

图 5-3　渗漉装置图
1—渗漉筒；2—桔梗粗粉；3—脱脂棉；4—滤纸；
5—乙醇；6—烧瓶；7—接受器

图 5-4　正确的棉花填入方式

图 5-5　渗漉效果不同流浸膏颜色各异

(三) 益母草膏

【处方】 益母草　　　　　　50.0g
　　　　 红糖　　　　　　　5.0g

【制法】 取益母草加水煎煮两次，第一煎沸后1h，第二煎沸后30min，用纱布过滤，挤压残渣，滤液合并，浓缩，不断捞去泡沫，浓缩成清膏，相对密度为1.21~1.25（80~85℃热测），通常浓缩至1:1（g:ml）。另将红糖置小烧杯中，加入1/2量的开水，加热至全溶，用纱布滤过，置蒸发皿中，继续用文火炼至糖成深红色时，停止加热，慢慢将清膏加入其中，搅拌均匀，继续用文火加热收膏，待取少许能平拉成丝或滴于纸上不见水迹，即得。

【操作要点和注意事项】
(1) 收膏时稠度增加，火力应减小，并不断搅拌和捞去泡沫。
(2) 收膏稠度视季节气候而定，但成品不宜含水过多，否则易发霉变质。

(3) 药材粉碎程度与浸出效率有重要关系。对组织较疏松的药材如橙皮和益母草，选用其粗粉浸出即可；而组织相对致密的桔梗，则可以选用中等粉或粗粉。粉末过细可能导致较多量的树胶、鞣质、植物蛋白等黏稠物质浸出，对主药成分的浸出不利，同时在煎煮过程中容易结块或结底，导致受热不均匀。

【用途】 本品为活血调经药，用于经闭、通经及产后瘀血腹痛。口服，一次10g，1日2～3次。

（四）板蓝根清膏

【处方】 板蓝根　　　　　　　　50g
　　　　 饮用水　　　　　　　　1000ml

【制法】 取板蓝根50g，加水煎煮两次，第一次2h，第二次1h，合并煎液，滤过，滤液浓缩至适量（约50ml），加乙醇使含醇量为60%，边加边搅拌，静置使沉淀，取上清液回收乙醇，浓缩至相对密度为1.30～1.33（80℃）的清膏（约1∶10，即1份清膏相当于10份药材）。

【操作要点和注意事项】
(1) 煎煮之前一定要浸泡。
(2) 由于板蓝根为质地坚硬的根茎类药材，煎煮时间较长。
(3) 浓缩煎煮液或回收乙醇时注意安全。
(4) 根据药材比量法，按1∶10收膏得清膏。

【用途】 用于进一步加工制备板蓝根颗粒等固体制剂。

（五）益母草清膏

【处方】 益母草　　　　　　　　10g
　　　　 饮用水　　　　　　　　100ml

【制法】 取益母草洗净，切成小段，加水至高出药面2～3cm，加水50ml浸泡约10min，加热煎煮两次，每次15min，合并煎液与压榨液，静置使澄清，滤过，滤液浓缩，并时时捞去液面泡沫，按1∶4收膏得清膏。

【操作要点和注意事项】
(1) 煎煮之前一定要浸泡。
(2) 由于益母草为疏松的茎花类药材，煎煮相对容易，每煎时间可以稍短，确定15min是为了实验时间的安排便利，实际生产中煎煮时间要长。
(3) 根据药材比量法，按1∶4收膏得清膏。

【样品图片】

图5-6　益母草清膏

【用途】 用于进一步加工制备益母草膏、益母草颗粒等制剂。

七、质量检查与评定

(1) 外观形状的描述：应符合规定。
(2) 药材比量法：指浸出药剂相当于原药材多少重量的测定法。酊剂、浸膏剂和煎膏剂均应符合规定。
(3) 含醇量测定：酊剂、流浸膏符合相关规定。
(4) 鉴别与检查
① 澄明度检查：主要用于液体制剂，除另有规定外，浸出制剂应澄明。
② 异物检查：适于各种浸出制剂，不得有异物。
③ 水分检查：主要用于固体制剂。
④ 不挥发性残渣、相对密度和灰分。
⑤ 酸碱测定：适于水性的液体浸出制剂，如口服液、中药合剂等。
⑥ 装量检查：适于口服液。

八、安全提示

(1) 碘有腐蚀性，称量时用玻璃或蜡纸，一般不宜用纸。碘为氧化剂，操作时小心，不要沾染皮肤。
(2) 桔梗流浸膏的续滤液浓缩时应在水浴上进行，且注意保持适宜的温度。由于乙醇是挥发性溶剂，有潜在的易燃的危险，注意开窗通风，若有条件，宜在通风橱内进行。

九、常见问题及思考

(1) 碘化钾在碘酊中起何作用？
(2) 碘剂和流浸膏剂久置产生沉淀时，应如何处理？
(3) 为什么浓缩续滤液而不是初滤液？
(4) 为何复方碘溶液与碘酊除了乙醇成分相同用法却差异较大？
(5) 为何初滤液是澄清的，而续滤液浓缩后浑浊？初滤液若浓缩是否也会浑浊？
(6) 为何碘在碘化钾溶液中很久都不溶，而加入乙醇立即溶解？碘化钾的助溶作用何在？
(7) 桔梗流浸膏所用乙醇如果是95%而不是70%会有何现象？为什么？
(8) 渗漉法中渗漉筒底部铺垫的棉花若用水而不是用70%乙醇润湿对实验结果会有何影响？
(9) 桔梗流浸膏的渗漉流程能否改为：不分初漉和续漉，直接收集渗漉液体55ml，再浓缩至30ml？为什么？
(10) 有的小组所得流浸膏颜色较浅，主要原因可能有哪几个方面？

十、常见浸出制剂

1. 远志流浸膏
【处方】 远志（中粉）20g，60%乙醇适量，浓氨试液适量。共制成20ml。
【用法与用量】 口服，一次0.5～2ml，一日1.5～6ml。

【用途】 祛痰药。用于咳痰不爽。

2. 橙皮酊

【处方】 橙皮（粗粒）10g，60%乙醇适量，共制成100ml。

【用法与用量】 口服，一次2～5ml，一日6～15ml。

【用途】 理气健胃。用于消化不良，胃肠气胀。不单独使用，常做矫味剂。

3. 枇杷叶膏

【处方】 枇杷叶250g，炼蜜或蔗糖适量。

【用法与用量】 口服，一次9～15g，一日2次。

【用途】 清肺润燥，止咳化痰。用于肺热燥咳，痰少咽干。

4. 二冬膏

【处方】 天冬25g，麦冬25g。

【用法与用量】 口服，一次9～15g，一日2次。

【用途】 养阴润肺。用于燥咳痰少，痰中带血，鼻干咽痛。

5. 颠茄浸膏

【处方】 颠茄草（粗粉）100g，稀释剂适量，75%乙醇适量。

【用法与用量】 口服，常用量，一次10～30mg，一日30～90mg；极量，一次50mg，一日150mg。

【用途】 抗胆碱药，解除平滑肌痉挛，抑制腺体分泌。用于胃及十二指肠溃疡，胃肠道、肾、胆绞痛等。

6. 十滴水

【处方】 大黄2.0g，桂皮1.0g，茴香1.0g，姜2.5g，辣椒0.5g，樟脑2.5g，桉叶油1.25ml，70%乙醇加至100.0ml。

【用法与用量】 口服，一次2～5ml。

【用途】 健胃，驱风。用于因伤暑引起的头晕，恶心，腹痛，胃肠不适。

7. 紫草油

【处方】 紫草7.5g，大黄5.0g，麻油75g。

【规格】 100g。

【用法】 外用，涂敷患处，每日1次。

【用途】 凉血解毒，化腐生肌。主治水火烫伤、冻疮溃烂、久不收口等症。

8. 单糖浆

【处方】 蔗糖17g，纯化水适量。共制成20ml。

【用途】 用于制备其他含药糖浆，或作为液体口服制剂的矫味剂。也可作片剂、丸剂的黏合剂。作包糖衣物料时，浓度应为74%（g/g）左右。

实验六　粉体流动性的测定

一、相关背景知识

粉体的知识是物理药剂学的重要组成部分。粉体的流动性不仅影响正常的生产过程，而且影响制剂质量，因此是固体制剂制备过程中必须考虑的重要性质。测定流动性的目的在于可预测粉体物料从料斗中流出的能力、包装与分装的难易程度、重量差异和含量均匀度等。

表示粉体流动性的参数有休止角、流出速度和压缩度，本次实验主要学习休止角的测定方法。

二、预习要领

(1) 粉体的概念和粉体流动性的意义。
(2) 粉体的标示和测定方法。

三、实验目的

掌握常用流动性参数的测定方法；熟悉影响粉体流动性的因素；了解粉体助流原理。

四、实验原理

固体药物制剂制备中，物料或半成品的流动性至关重要。粉末或颗粒状物料的流动性对于原辅料的混匀、沸腾制粒、分装、压片等工艺过程影响甚大。特别是在压片工艺过程中，为了使颗粒能自由连续流入冲模，保证均匀填充，减小压片时对冲模内壁的摩擦和黏附，降低片重差异，必须设法使颗粒具有良好的流动性。

影响流动性的因素比较复杂，除了粉末和颗粒间的摩擦力、附着力之外，颗粒的粒径、形态、松密度等，对流动性也有影响。为改善粉末或颗粒的流动性，可从添加润滑剂或助流剂、改变粒径和形态等角度入手。

表示流动性的参数，主要有休止角、滑角、摩擦系数和流动速度等。其中以休止角比较常用，根据休止角的大小，可以间接反映流动性的大小。一般认为粒径越小或粒度分布越大的颗粒，其休止角越大，而粒径大且均匀的颗粒，颗粒间摩擦力小，休止角小，易于流动。所以休止角可以作为选择润滑剂或助流剂的参考指标。一般认为休止角小于 30°者流动性好，大于 40°者流动性不好。

休止角是粉体堆积层的自由斜面在静止的平衡状态下，与水平面所形成的最大角。常用的方法是固定圆锥法。将粉体注入到圆盘中心上，直到粉体堆积层斜边的物料沿圆盘边缘自动流出为止，停止注入，测定休止角 α。

$$\mathrm{tg}\alpha = h/r \quad \alpha = \arctan(h/r)$$

五、实验材料与仪器

(1) 实验材料：微晶纤维素、淀粉、滑石粉、硬脂酸镁、微粉硅胶。
(2) 仪器：休止角测定仪（或铁架台，铁圈，漏斗，培养皿），直尺或量角器。

六、实验内容

【测定方法】 将待测物料轻轻地、均匀地落入圆盘的中心部,使粉体形成圆锥体,当物料从粉体斜边沿圆盘边缘自由落下时停止加料,用量角器测定休止角(或测定圆盘半径和粉体高度,计算休止角)。

【考察内容】

(1) 分别取微晶纤维素 4g 和淀粉 4g,测定休止角,比较不同物料对休止角的影响。

(2) 称取 3 份淀粉,每份 4g,分别向其中加入 1%的滑石粉、微粉硅胶、硬脂酸镁,混合均匀后测定休止角,比较不同润滑剂的助流效果。

(3) 称取 4 份淀粉,每份 4g,依次向其中加入 0.5%、1.0%、2.0%、5.0%的滑石粉,均匀混合后测定其休止角,比较助流剂的量对流动性的影响。以休止角为纵坐标,加入量为横坐标,绘出曲线。选择最适宜加入量。

表 6-1 休止角测定结果

润滑剂	用量/g	润滑剂的比例/%	r	h	$\tan\alpha = h/r$	α
微晶纤维素	4	0				
淀粉	4	0				
淀粉+硬脂酸镁	4+0.04	1.0				
淀粉+滑石粉	4+0.04	1.0				
淀粉+微粉硅胶	4+0.04	1.0				
淀粉 + 滑石粉	4+0.02	0.5				
	4+0.04	1.0				
	4+0.08	2.0				
	4+0.2	5.0				

【制备过程图片】

图 6-1 粉体流动性测定的装置

图 6-2 各种形态的粉体流动性测定的装置

【操作要点和注意事项】

(1) 休止角的大小跟工艺过程密切相关，也跟实验所涉及的环境和仪器条件有直接联系，不可忽视的重要因素包括：①物料的干燥程度；②是否制粒；③不同面积和材质的接收器皿；④不同的滑落高度；⑤漏斗垂直和是否对准圆心；⑥物料撒落的方式；⑦漏斗内表面及出口内径；⑧椎体圆周、直径和高度的测算误差；⑨物料的用量及椎体的大小；⑩空气流动甚至呼吸的影响等因素，都会影响测定，因此操作过程中应注明和规范相关参数。

(2) 注意椎体形成后要原位测量，不要移动。

(3) 物料滑落的方式可以选择：①沿内壁环形撒入；②用针尖或牙签拨入；③用药匙少量多次撒入；④戴一次性手套以手指轻捻撒入。

(4) 漏斗内壁应该光滑、干燥，每次操作前都应擦净。

(5) 测定椎体的高度是关键。可以采用直接测定法和间接测定法两种。后者主要通过测定椎体底面的周长，折算成半径来实现，适用于所成圆锥体比较对称和均匀的情况。

(6) 椎体的形成应自然、匀称，应避免异型圆锥体（如"飞来石"、偏心、长尖、"雪崩"、结块等情况）的出现，否则测定会有较大误差。

(7) 培养皿宜倒扣在衬纸上，先在纸上用笔标记一个圆点，使表面皿-圆点-漏斗下料口三点一线，以保证漏斗垂直，所成椎体也均匀、对称。

(8) 时间所限，每个配方只做一次。要获得精确的数据，应至少重复三次。

(9) 提升实验效率的技巧：①实验 2 中的 1.0% 滑石粉用量在实验 3 中不必重复测定；②实验 3 中滑石粉的用量呈递加的规律，可以只称量一份淀粉，依次加入由小到大剂量的滑石粉，每加一次，测定一个休止角，但应注意要保证在测定过程中淀粉的量不会有过大的损失。

七、实验结果

按实验内容和进程的要求，测出相应数据，计算每一个休止角后填入表 6-1。根据淀粉中加入滑石粉用量的不同，将滑石粉用量对休止角作图，探索润滑剂对于物料流动性的数量规律。注意：本实验中滑石粉的用量共分 0%、0.5%、1.0%、2.0%、5.0% 五种情况。

八、常见问题及思考

(1) 助流剂种类及用量对流动性的影响。

(2) 分析不同物料流动性的差异。

(3) 影响流动性的主要因素有哪些？

(4) 助流剂过多会不会影响流动性，为什么？

(5) 颗粒流动性在片剂制备中有何意义？

(6) 漏斗的高度与休止角的大小有无关系？

(7) 滑石粉和淀粉混合时要不要研磨？如混合不均匀会有何后果？

(8) 在物料滑落的过程中如漏斗堵塞怎么办？

实验七 散剂的制备

一、相关背景知识

散剂系指药物或与适宜的辅料经粉碎、均匀混合制成的干燥粉末状制剂。分为内服散和局部用散剂。常见的散剂有七厘散、蛇胆川贝散、痱子粉等。

散剂是中药传统剂型"丸、散、膏、丹"中的重要组成部分,代表了中医药伤科和外科用药的主要应用形式,曾经涌现了大量的中药散剂配方。

散剂的制备一般包括物料前处理、粉碎与过筛、混合、质量检查、分剂量与包装等工序。一般散剂的粉末应能通过 6 号筛,儿科和外用散应能通过 7 号筛。处方中比例量悬殊时应采用等量递加法进行混合,毒性药物或药理作用强的药物,因剂量小,应制成倍散。散剂的工艺流程如下:

药物前处理→粉碎→过筛→混合→质量检查→分剂量→包装。

散剂的质量检查项目如下。

(1) 粒度:取供试品 10g,用七号筛振摇 3min,通过筛网的粉末重量,不应低于 95%。

(2) 外观均匀度:取供试品,置光滑纸上,压平观察,应呈现均匀的色泽,无花斑与色斑。

(3) 干燥失重:按干燥失重法测定,在 105℃ 干燥至恒重,减失重量不超过 2.0%。

(4) 装量差异:取散剂 10 份,精密称定每包内容物的重量,每包与标示量相比较,超出装量差异限度的散剂不得多于 2 份,并不得有 1 份超出装量差异限度的 1 倍。

(5) 微生物限度:细菌数不得超过 1000 个/g,真菌、酵母菌数不得超过 100 个/g,不得检查出大肠杆菌。

(6) 无菌检查:用于深部组织或损伤皮肤的散剂,应做无菌检查。

二、预习要领

(1) 你在日常生活中曾经使用过哪种散剂,一一列出来,属哪种散剂?有什么作用?

(2) 你觉得散剂与其他剂型相比,有什么特点?做一个总体评价。

(3) 查找药典,列举一些散剂,写出处方组成、制备方法和质量检查项目。

(4) 查找相关资料,了解处方组成、制备工艺控制点和质量控制点。

(5) 通过学习和了解,讲讲药厂用什么方法生产散剂,与实验室制备散剂有什么不同?

(6) 哪些药物应考虑制成倍散?为什么?

三、实验目的

(1) 通过实验掌握散剂的制备方法。

(2) 对散剂的生产工艺、制备方法、质量控制等方面有一定的认识。
(3) 了解倍散，懂得等量递加法的操作和应用。
(4) 会对散剂制备过程出现的问题进行分析和解决。
(5) 能理论联系实际，对药厂生产颗粒剂有一定的了解。

四、实验原理

散剂的一般工艺流程：

药物→粉碎→过筛→称量→混合→（过筛）→检查→分剂量→包装。

(1) 凡散剂中各药物的相对密度和比例差异不大时，可直接混合。比例悬殊及含有毒药时，则采用等容积递增（配研）法进行混合。

(2) 含共熔组成的散剂是否采用共熔法混合，应根据共熔后药物性质是否发生变化以及处方中所含其他固体组分的数量来决定，如果共熔后其药效优于单独混合时，则采用共熔法；若共熔后药效无变化，且处方中固体组分较多时，亦可将共熔组分共熔，再与其他固体成分混合，使分散均匀。

(3) 含有少量挥发性液体时，可加少量吸收剂吸收后再混合。若液体体积较大时，应先蒸发浓缩后再混合。

五、实验仪器与材料

(1) 仪器：普通天平、乳钵、方盘、药匙、药筛、薄膜封口机、放大镜、烧杯、量杯、玻棒、120目标准筛。

(2) 材料：冰片、硼砂、朱砂、玄明粉、薄荷脑、薄荷油、樟脑、麝香草酚、水杨酸、升华硫、氧化锌、硼酸、淀粉、1%胭脂红乳糖、乳糖、硫酸阿托品、滑石粉、称量纸、包装材料（包药纸、塑料袋等）。

六、实验内容

（一）痱子粉

【处方】

薄荷脑	0.1g
樟脑	0.1g
氧化锌	1.0g
硼酸	1.0g
水杨酸	0.3g
升华硫	0.4g
薄荷油	0.1ml
滑石粉	适量
混合制成散剂	20.0g

【制法】 樟脑、薄荷脑研磨液化，加入薄荷油与少量滑石粉研匀；再分别将硼酸与氧化锌；水杨酸与升华硫混合均匀；按等量递增法将上述各组粉末混合均匀，最后分次加入滑石粉研匀，过120目筛即得。

【样品图片】

图 7-1　痱子粉制备过程中的分组研磨　　　　图 7-2　制备成功的痱子粉

【用途】 有吸湿、止痒及收敛作用，用于汗疹、痱子等。

【操作要点和注意事项】

(1) 研钵需干净、干燥，用前可用少量滑石粉饱和、润滑一下研钵。

(2) 本实验共有八种组分，其中七种组分按性质、密度和用量的差异分三组分别研磨混合，之后按等量递增的方式制备：①薄荷脑、樟脑和薄荷油；②氧化锌、硼酸；③水杨酸、升华硫。

(3) 本处方含有低共熔组分，即两种以上药物混合后熔点降低，出现润湿或液化的现象，如薄荷脑和樟脑研磨出现液化现象。制备时可将薄荷脑和樟脑混合研磨至共熔液化，加入薄荷油后再用滑石粉吸收。

(4) 散剂制备的核心要点是混合应均匀，保证混合均匀的手段还有多次过筛法、含量测定法等。

(5) 局部用散剂应为极细粉，一般以能通过八号至九号筛为宜。敷于创面及黏膜的散剂应经灭菌处理。

(6) 在研钵里研磨混合后，转移混合粉末时，可用滑石粉做"固体清洗剂"，将残余或吸附于内壁、研棒上的物料稀释、转移。

(7) 痱子是由于夏季气温高、湿度大，身体出汗过多，不易蒸发，汗液浸渍表皮角质层，致汗腺导管口闭塞，汗腺导管内汗液贮留后，因内压增高而发生破裂，汗液渗入周围组织引起刺激，于汗孔处发生疱疹和丘疹，即为痱子。也有认为汗孔的闭塞是一种原发性葡萄球菌感染，此感染与热和湿的环境有关。本品中滑石粉可吸收皮肤上水分及油脂，使皮肤蒸发畅通；以氧化锌为收敛剂，使局部组织收缩，水肿消退。硼酸具调整 pH 和轻度消毒作用，樟脑、薄荷脑有清凉止痒作用。

(8) 本品处方中成分较多，应按处方药品顺序将药品称好，同时在称量纸上做好标注，以免出现混料的情况。

【常见问题及思考】

(1) 痱子粉属哪种散剂？临床上有什么作用？

(2) 什么是低共熔组分？对于低共熔组分在混合时应采取什么措施？

(3) 痱子粉应做哪方面的质量检查？

(4) 你对制备出来的散剂满意吗？

(5) 薄荷脑、樟脑混合研磨而出现液化的原理是什么？

（二）硫酸阿托品倍散

【处方】
    硫酸阿托品   0.2g
    1％胭脂红乳糖   0.2g
    乳糖   加至20g

【制法】 先取少量乳糖于研钵中研磨使内壁饱和，再加入硫酸阿托品和胭脂红乳糖研匀，然后加等体积的乳糖研匀，按等量递加法至全部乳糖加完为止，混合至色泽均匀一致。

【用途】 抗胆碱药，解除平滑肌痉挛，抑制腺体分泌，散大瞳孔。用于胃、肠、胆绞痛等。

【用法与用量】 口服。需要时服1包。

【操作要点和注意事项】

（1）硫酸阿托品为毒性药物，因剂量小，称取、分装都有困难，为方便分剂量、保证用药安全，应加适量赋形剂配成稀释散，称为"倍散"。常用倍散的浓度多为1∶10或1∶100。为了易于辨别混匀的程度和标出是倍散，常在倍散的赋形剂中加入食用色素，如胭脂红、苋菜红、靛蓝、亮蓝等进行着色。

本处方为百倍散，即1份药物用99份稀释剂稀释而成。

（2）因为药物和稀释剂的量比例悬殊，因此采用等量递加法进行混合。等量递加法的操作是先将量小的组分，加入等量的量大的组分混匀，再取与混合物等量的量大组分混匀，如此倍量增加，直至全部混匀。

（3）制备时先取少量乳糖于研钵中研磨使内壁饱和，目的是减少硫酸阿托品在乳钵内壁的黏附。

（4）处方中使用1％胭脂红乳糖，以便观察混合是否均匀。1％胭脂红乳糖的制备：取胭脂红1g于乳钵中，加90％的乙醇15ml研磨使溶解，加入少量的乳糖吸收并研匀，再按等量递加法将99g的乳糖加完，混合至颜色均匀一致，60℃干燥，过100目筛即得。

【常见问题及思考】

（1）什么是倍散？硫酸阿托品为什么要制成倍散？
（2）什么是等量递加法？硫酸阿托品倍散为什么要用等量递加法进行混合？
（3）处方中为什么要加入1％胭脂红乳糖？
（4）制备时为何要先取少量乳糖于研钵中研磨使内壁饱和，再加入主药？
（5）硫酸阿托品倍散应做哪方面的质量检查？
（6）你对制备出来的硫酸阿托品倍散满意吗？

（三）冰硼散

【处方】
    冰片   0.25g
    硼砂   2.5g
    朱砂   0.3g
    玄明粉   2.5g

【制法】 取朱砂0.6g，在干燥、干净研钵里少量多次加入3ml水，以水飞法研磨成细粉，滤过，60℃烘干20min。另取少量硼砂饱和研钵，将硼砂与玄明粉等比混合均匀，之后与研细的冰片以等量递加法混匀，最后取0.3g朱砂与上述混合粉末按套色法研磨混匀，过七号筛，即得。

【样品图片】

图 7-3 朱砂水飞

图 7-4 水飞法滤过

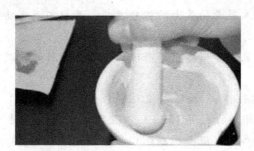
图 7-5 套色

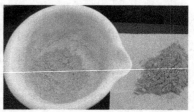
图 7-6 各组制备的冰硼散

【用途】 清热解毒，消肿止痛。用于咽喉、牙龈肿痛，口舌生疮。
【用法与用量】 吹敷患处，每次少量，一日数次。
【操作要点和注意事项】
(1) 由于本品配方中颜色鲜明，混合时按套色法研磨混合均匀。
(2) 冰片即龙脑，外用消肿止痛；玄明粉即风化芒硝（无水硫酸钠），外用治疗疮肿丹毒、咽肿口疮；朱砂为天然硫化汞，外用消毒。
(3) 局部用散剂应为极细粉，一般以能通过八号至九号筛为宜。敷于创面及黏膜的散剂应经灭菌处理。

七、技能拓展

蛇胆川贝散的制备

【处方】　蛇胆　　　　　　　3g
　　　　　川贝母　　　　　　18g

【要求】
（1）查找药典，写出制备方法。
（2）按照所设计的制备方法进行制备。
（3）描述外观性状，写出质量检查项目。
（4）分析制备过程所出现的问题及分析解决。

【思考题】
（1）结合本制剂，谈谈散剂有什么优缺点？
（2）从剂型、处方组成等角度，谈谈如何在生产和贮存方面确保散剂的质量？

八、实验结果

将实验结果记录于表7-1。

表7-1　散剂质量检查结果

品名	外观性状	水分	粒度	溶化性	装量差异
痱子粉					
硫酸阿托品					
蛇胆川贝散					
冰硼散					

九、质量检查

【质量检查】　按《中国药典》规定方法，检查粒度、外观均匀度、干燥失重、装量差异等内容，应符合药典要求。

1. 外观均匀度

取供试品适量，置光滑纸上，平铺约 $5cm^2$，将其表面压平，在亮处观察，应呈现均匀的色泽，无花纹与色斑。

2. 装置差异

单剂量、一日剂量包装的散剂，装量差异限度应符合表7-2规定。

表7-2　散剂装量差异限度

标示装量	装置差异限度/%	标示装量	装量差异限度/%
0.10g 或 0.10g 以下	±15	1.50～6.0g	±5
0.10～0.30g	±10	6.0g 以上	±5
0.30～1.50g	±7.5		

检查方法：取供试品 10 包（瓶），除去包装，分别精密称定每包（瓶）内容物的质量，每包（瓶）与标示量相比应符合规定，超出装量差异限度的散剂不得多于 2 包（瓶），并不得有一包（瓶）超出装量差异限度的一倍。

十、常见药用散剂及应用

1. 冰硼散

【处方】 冰片 50g，硼砂 500g，朱砂 60g，玄明粉 500g。

【功能与主治】 清热解毒，消肿止痛。用于咽喉、牙龈肿痛，口舌生疮。

【用法与用量】 吹敷患处，每次少量，一日数次。

2. 益元散

【处方】 滑石 6g，甘草 1g，朱砂 0.3g。

【功能与主治】 消暑利湿。用于感受暑湿，身热心烦，口渴喜饮，小便赤短。

【用法与用量】 调服或煎服，一次 6g，一日 1~2 次。

3. 复方颠茄散

【处方】 颠茄浸膏散（1∶10）5g，碳酸氢钠 15g。

【功能与主治】 具制酸、镇痛作用，用于胃肠痉挛引起的疼痛。

【用法与用量】 口服，一次 1~2 包。极量：口服，一次 5 包。

4. 清咽解毒散

【处方】 天花粉，炉甘石，玄明粉，青黛，人中白，石膏，冰片，硼砂，象牙屑，青果炭。

【功能与主治】 清热解毒，消炎利咽。用于喉痹乳蛾，口舌生疮，牙龈肿痛。

【用法与用量】 吸入患处，一次约 0.3g，一日 3 次，小儿酌减。

5. 呋喃西林脚气粉

【处方】 呋喃西林 0.5g，冰片 0.15g，水杨酸 5g，苯甲酸 5g，明矾 5g，滑石粉适量。

【用途】 消毒防腐药。用于真菌感染的足癣。

【用法与用量】 外用。患处洗净、擦干，将药粉扑擦患处，一日 2 次。

十一、常见问题及思考

(1) 通过实验，对散剂有什么新认识。

(2) 制备散剂过程中遇到什么困难，如何解决？

(3) 制备的散剂质量如何？你满意吗？为什么？

(4) 你对散剂的处方组成、工艺条件、产品情况有什么看法？

(5) 本次实验你有什么收获？

(6) 将极小量的药物均匀分散在散剂中，应如何操作？

(7) 哪些药物不宜制成散剂？

(8) 为什么各组做出来的冰硼散颜色差异较大？（见图 7-6）

(9) 制备散剂时通过 7 号筛的比例高于多少才算合格？

实验八 颗粒剂的制备

一、相关背景知识

颗粒剂系指药材提取物与适宜的辅料或药材细粉制成具有一定粒度的颗粒状制剂。分为可溶颗粒、混悬颗粒和泡腾颗粒。常见的颗粒剂有板蓝根颗粒、夏桑菊颗粒、小青龙颗粒、山楂泡腾颗粒等。

颗粒剂的制备一般包括原辅料的粉碎、过筛、混合、制粒、干燥、整粒、质量检查、分剂量与包装等工序。中药颗粒剂是将药材进行提取和精制,浓缩成为规定相对密度的清膏,再加辅料制粒。中药材所含挥发性成分,用蒸馏法进行提取,用95%乙醇溶解后均匀喷洒在干燥颗粒上,密闭放置适宜时间后再分装。

颗粒剂的质量检查项目如下。

(1) 外观性状:色泽符合要求,均匀一致。

(2) 粒度要求:不能通过一号筛与能通过五号筛的总合不得超过15%。

(3) 水分:按水分测定法测定,水分不超过6.0%。

(4) 溶化性:取颗粒剂10g,加热水200ml,搅拌5min,可溶性颗粒剂应全部溶化,允许有轻微混浊,不得有焦屑。泡腾颗粒剂应取单剂量泡腾颗粒剂1包,加温水200ml,应迅速产生CO_2气体,5min内颗粒应完全分散或溶解在水中。

(5) 装量差异:以颗粒剂10包,精密称定每包内容物的装量和平均装量,每包装量与平均装量相比较,超出装量差异限度的颗粒剂不得多于2包,并不得有1包超出装量差异限度的1倍。

(6) 微生物限度:细菌数不得超过1000个/g,霉菌、酵母菌数不得超过100个/g。

二、预习要领

(1) 你在日常生活中接触过哪种颗粒剂,一一列出来。

(2) 你觉得颗粒剂与其他剂型相比,有什么特点?做一个总体评价。

(3) 查找药典,列举一些中药颗粒剂和泡腾颗粒剂,写出处方组成、制备方法和质量检查项目,并说说颗粒剂和泡腾颗粒剂在处方组成和制备方法上有什么不同。

(4) 查找相关资料,了解本次实验的处方组成、制备工艺控制点和质量控制点。

(5) 药厂用什么方法来生产颗粒剂,与实验室制备颗粒剂有何不同?

(6) 结合颗粒剂的质量要求,想想在制备颗粒剂时应注意什么,怎样才能制出理想的颗粒剂。

三、实验目的

(1) 通过实验掌握颗粒剂的制备方法。

(2) 对颗粒剂的生产工艺、制备方法、质量控制等方面有一定的认识。

(3) 会对制出的颗粒剂进行质量评价。

(4) 会对颗粒剂制备过程出现的问题进行分析和解决。

(5) 能理论联系实际，对药厂生产颗粒剂有一定的了解。

四、实验原理

一般颗粒剂的工艺流程为：原辅料的处理→制软材→制颗粒→干燥→整粒、加后加成分混匀→质量检查→分剂量、包装。

制备颗粒剂的关键是控制软材的质量，一般要求"手握成团，轻压即散"。此种软材压过筛网后，可制成均匀的湿粒，无长条、块状物及细粉。软材的质量要通过调节辅料的用量及合理的搅拌与过筛条件来控制。如果稠膏黏性太强，可加入适量70%~80%的乙醇来降低软材的黏性。挥发油应均匀喷入干燥颗粒中，混匀，并密闭一定时间。湿颗粒制成后，应及时干燥。干燥温度应逐渐上升，一般控制在60~80℃。

五、实验仪器与材料

（1）仪器：研钵、标准药筛（12目、14目、60目、80目、120目）、水浴锅。

（2）材料：益母草清膏、大青叶、连翘、拳参、板蓝根、布洛芬、交联羧甲基纤维素钠、聚维酮（PVP）、糖精钠、微晶纤维素、苹果酸、碳酸氢钠、无水碳酸钠、橘型香料、十二烷基硫酸钠、淀粉、糊精、蔗糖粉。

六、实验内容

（一）益母草颗粒

【处方】
益母草清膏	3ml
蔗糖粉	10g
糊精	12.6g
60%乙醇	适量

【制法】取益母草清膏1.5~2ml，分次加入糊精拌匀，再加入蔗糖粉拌匀，补加余下的益母草清膏，捏合制成软材，用14目筛制粒，60℃干燥，用12目筛整粒，再用60目筛筛去细粉，分装于3只小塑料袋中，密封。

【样品图片】

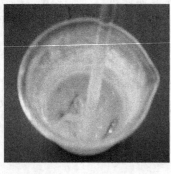 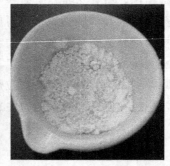 

（a）混合　　　　　　　（b）过硬而不均匀　　　　　（c）软材形态

图8-1　益母草颗粒剂制备过程中常见现象

【用途】活血调经，用于经闭、痛经及产后瘀血、腹痛。

【用法与用量】每日2~3次，每次一袋，孕妇忌服。

 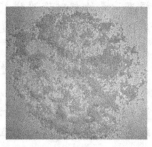

(a) (b)

图 8-2 益母草颗粒剂的制备

(a) 有结块；(b) 均匀合格

【操作要点和注意事项】

(1) 蔗糖粉、糊精应 60℃ 以下干燥，过 80 目筛。

(2) 具体操作应先将糊精称量后加入研钵中，后滴加 1ml（相对准量）的益母草浸膏，混合均匀后再加蔗糖粉，再补加 0.5~1ml 益母草浸膏。

(3) 制备过程中应采用手指捏合的方法，类似"捻数钞票"的动作，使浸膏和糊精充分捏合均匀，之后再加入蔗糖粉。错误的操作：①在研钵中采用研磨的方式；②先将糊精和蔗糖粉混合后再加入益母草浸膏。这两种做法往往都会导致粉末黏成一体，制软材失败。同时应注意：用捏合法制备时捏合时间不能太长，以免结块。

(4) 如软材过干时，可适当加少量乙醇（1~2 滴）调节湿度。

(5) 有条件最好戴手套，因为手汗会导致软材过湿。

(6) 益母草清膏的制法：取益母草洗净，切成小段，加水至高出药面 2~3cm，浸渍 15min，加热煎煮两次，每次 30min，合并煎液与压榨液，静置使澄清，滤过，滤液浓缩，并时时捞去液面泡沫，按比 1:4 收膏得清膏。益母草清膏制法与益母草煎膏中的清膏相同。

(7) 由于清膏的来源和制备工艺的变异性，每次实验前要有充分的预试。

(8) 软材制成后应尽快过筛，否则会结硬块。

(二) 板蓝根颗粒

【处方】　　板蓝根　　　　　　　　20g

蔗糖　　　　　　　　　适量

糊精　　　　　　　　　适量

【制法】 取板蓝根 20g，加水适量浸泡 1h，煎煮 2h，滤出煎液，再加水适量煎煮 1h，合并煎液，滤过。滤液浓缩至适量，加乙醇使含醇量为 60%，搅匀，静置过夜，取上清液回收乙醇，浓缩至相对密度为 1.30~1.33（80℃）的清膏。取清膏 1 份、蔗糖 2 份、糊精 1.3 份，制成软材，过 16 目筛制颗粒，干燥，每袋 10g 分装即得。

【用途】 清热解毒、凉血利咽、消肿。用于扁桃腺炎、腮腺炎、咽喉肿痛、防止传染性肝炎、小儿麻疹等。

【操作要点和注意事项】

(1) 清膏采用水提醇沉法制备。水提醇沉法是根据药材中有效成分在水中和乙醇中的溶解度不同而进行提取、精制的一种方法。药材先用水煎煮，药材中有效成分提取出来的同时，也煎煮出许多水溶性杂质，加入一定量乙醇，可将大部分杂质除去。

(2) 制软材：根据清膏的相对密度进行适当调整。如果清膏相对密度大，可用75%乙醇调节湿度，易捏成团。如果清膏相对密度小，可用95%乙醇进行分散，以降低软材黏性，易于过筛。软材以"握之成团，按之即散"为准。

(3) 制湿颗粒：采用软材过筛制粒法进行制粒。根据颗粒粗细需要选择筛号，通常选择10~14目筛。

(4) 干燥：湿颗粒可在60~80℃常压干燥，通常采用热风循环烘箱进行干燥。干燥至用手握有刺手感，或在口中含立即溶化为准。

(5) 整粒：通常采用一号筛和四号筛进行整粒，除去粉粒和细粉。

(6) 质量检查：参照药典检查项目进行质量检查。

【常见问题及思考】

(1) 提取中药有效成分的方法有哪些？为什么要进行醇沉？
(2) 制软材有什么要领？
(3) 如中药材含有挥发性成分，如何提取？提取的挥发油如何加入颗粒剂中？
(4) 实验室与大生产在制备颗粒剂上有什么异同点？
(5) 你对制备出来的颗粒剂满意吗？为什么？
(6) 益母草颗粒制备时不能先将益母草浸膏与蔗糖粉混合，甚至蔗糖粉与糊精混合之后再与益母草浸膏研磨都会黏结成团，为什么？

（三）感冒退热颗粒

【处方1】
大青叶	20g
板蓝根	20g
连翘	10g
拳参	10g
制得清膏	1份

【制法】 以上四味，加纯化水4~6倍，煎煮2次，每次1.5h，合并煎液，滤过，滤液浓缩至相对密度约为1.08（90~95℃），待冷至室温，加等量的乙醇使沉淀，静置；取上清液浓缩至相对密度1.20（60~65℃），加等量的水，搅拌，静置8h，取上清液浓缩成相对密度为1.38~1.40（60~65℃）的清膏。

【处方2】
清膏	1份
蔗糖粉	3份
糊精	1.25份
制得感冒退热颗粒	

【制法】 取蔗糖粉3份、糊精1.25份过80目筛，放置于容器中，混合均匀，加入清膏1份，边加边搅拌，可加适量乙醇帮助分散，调节干湿度，用手捏成"握之成团，按之即散"的软材，用手挤压通过12目筛制成湿颗粒，将湿颗粒置于烘盘中，于热风循环烘箱70℃干燥，整粒，用一号筛筛去粗粒，四号筛筛去细粉，用干燥容器收集颗粒即得。进行外观、性状、粒度、水分、溶化性等方面的质量检查。

【用途】 清热解毒。用于上呼吸道感染，急性扁桃体炎，咽喉炎。

（四）布洛芬泡腾颗粒

【处方】
布洛芬	2g
交联羧甲基纤维素钠	0.1g

聚维酮	0.03g
糖精钠	0.05g
微晶纤维素	0.5g
蔗糖细粉	11g
苹果酸	5.3g
碳酸氢钠	1.7g
无水碳酸钠	0.5g
橘型香料	0.5g
十二烷基硫酸钠	0.01g

【制法】 将布洛芬、微晶纤维素、交联羧甲基纤维素钠、苹果酸和蔗糖细粉过16目筛后，置混合器内与糖精钠混合。混合物用聚维酮异丙醇液制粒，干燥，过30目筛整粒后与剩余处方成分混匀。混合前，碳酸氢钠过30目筛，无水碳酸钠、十二烷基硫酸钠和橘型香料过60目筛。制成的混合物装于不透水的袋中，每袋含布洛芬600mg。

【用途】 消炎、解热、镇痛。用于类风湿关节炎和风湿性关节炎。

【操作要点和注意事项】

(1) 处方中微晶纤维素和交联羧甲基纤维素钠为不溶性亲水聚合物，可改善布洛芬的混悬性；十二烷基硫酸钠可加快药物的溶出。

(2) 聚维酮异丙醇液作为黏合剂，泡腾颗粒剂应避开水，本法属非水的湿法制粒。

(3) 苹果酸和碳酸氢钠、无水碳酸钠是泡腾剂。

(4) 糖精钠、蔗糖细粉、橘型香料为矫味剂。

【常见问题及思考】

(1) 什么是泡腾颗粒剂？常用的泡腾剂有哪些？本处方用什么作为泡腾剂？

(2) 进行处方分析，讲讲聚维酮在本处方中的作用？

(3) 讲讲在制备泡腾颗粒剂时应注意什么？

(4) 你对实验结果满意吗？为什么？

七、技能拓展

山楂泡腾颗粒

【处方】	山楂	3g
	陈皮	0.5g
	枸橼酸	1g
	碳酸氢钠	1g
	蔗糖细粉	25g
	香精	适量

【要求】

(1) 进行处方分析。

(2) 设计制备方法。

(3) 写出质量检查项目。

(4) 按照所设计的制备方法进行制备，分析制备过程所出现的问题并分析解决。

【思考题】

(1) 泡腾颗粒剂在处方与制法上有什么特点？
(2) 用湿法制粒时，制泡腾颗粒剂通常用什么作为黏合剂？
(3) 制备泡腾颗粒剂时应注意什么？
(4) 你对制备出来的制泡腾颗粒剂满意吗？为什么？
(5) 通过本次实验，你有什么收获，有什么心得体会？

八、实验结果

将实验结果记录于表8-1。

表8-1 颗粒剂质量检查结果

品　　名	外观性状	水分	粒度	溶化性	装量差异
益母草颗粒					
板蓝根颗粒					
布洛芬泡腾颗粒					
感冒退热颗粒					
山楂泡腾颗粒					

九、质量检查

【质量检查】 按《中国药典》规定方法，检查外观性状、粒度、溶化性、装量差异等内容，应符合药典要求。

十、常见药用颗粒剂及应用

1. 葛根芩连颗粒

【处方】 葛根100g，黄芩37.5g，黄连37.5g，炙甘草25g。

【功能与主治】 解肌，清热，止泻。用于泄泻腹痛，便黄而黏，肛门灼热。

【用法与用量】 每袋装6g。开水冲服，一次1袋，一日3次。

2. 养血愈风酒颗粒

【处方】 防风6g，秦艽6g，蚕沙6g，萆薢6g，羌活3g，陈皮3g，苍耳子6g，当归6g，杜仲9g，川牛膝6g，红花3g，白茄根12g，鳖甲（炙）3g，白术（炒）6g，枸杞子12g，白糖240g。

【功能与主治】 祛风，活血。用于风寒所致四肢酸麻、筋骨疼痛、腰膝软弱等症。

【用法与用量】 用白酒溶解，服用量每次不得超过12g。

3. 益母草泡腾冲剂

【处方】 益母草10g，糖粉适量，糊精适量，枸橼酸适量，碳酸氢钠适量。

【功能与主治】 调经、活血、祛瘀。用于月经不调，产后瘀血作痛。

【用法与用量】 口服。每次1袋，一日2~3次，开水冲服。

4. 维生素C颗粒剂

【处方】 维生素C 1.5g，酒石酸0.15g，糊精15.0g，50%乙醇适量，蔗糖粉13.5g。共制成15包。

【用途】 本品为维生素类药，用于防治坏血病及其他由维生素C缺乏引起的疾病。

【用法与用量】 每袋2g，每日一次，每次一袋。

5. 匹多莫德颗粒剂

【处方】 匹多莫德，辅料。

【规格】 2g：0.4g。

【用途】 免疫刺激剂，适用于细胞免疫功能低下患者。

6. 养血清脑颗粒

【处方】 当归、川芎、白芍、熟地黄、钩藤、鸡血藤、夏枯草、决明子、珍珠母、延胡索、细辛；辅料：糊精、甜菊素。

【规格】 每袋装4g。

【功能与主治】 养血平肝，活血通络。用于血虚肝亢所致头痛、眩晕眼花、心烦易怒、失眠多梦等症状。

【用法与用量】 口服。每次1袋，每日3次。

十一、常见问题及思考

(1) 通过实验，对颗粒剂有什么新认识。

(2) 制备颗粒剂过程中遇到什么困难，如何解决？

(3) 制备的颗粒剂质量如何？你满意吗？为什么？

(4) 你对颗粒剂的处方组成、工艺条件、产品情况有什么看法？

(5) 本次实验你有什么收获？

实验九　蜜丸和水丸的制备

一、相关背景知识

"丸者，缓也"。丸剂通常用于滋补、调理，多见于慢性病症的治疗。

丸剂是我国独具特色的传统剂型之一，远在经典医籍《黄帝内经》中就有丸剂的记载。丸剂按辅料不同分为蜜丸、水蜜丸、水丸、糊丸、浓缩丸、蜡丸等；按制法不同分为泛制丸、塑制丸及滴制丸。

中药丸剂，俗称丸药，系指药材细粉或药材提取物加适宜的黏合剂或其他辅料制成的球形或类球形制剂。主要供内服。中药丸剂的主体由药材粉末组成。为便于成型，常加入润湿剂、黏合剂、吸收剂等辅料。此外，辅料还可控制溶散时限、影响药效。

二、预习要领

(1) 熟悉丸剂的种类，本实验要制备的丸剂的特点、工艺过程和质量要求。

(2) 水丸和蜜丸的处方有何不同？其制备过程有何不同？

三、实验目的

(1) 掌握泛制法、塑制法制备水丸和蜜丸剂的方法与操作要点。

(2) 熟悉水丸、蜜丸对药料和辅料的处理原则及各类丸剂的质量要求。

四、实验原理

(1) 丸剂的制法有泛制法、塑制法和滴制法。泛制法适用于水丸、水蜜丸、糊丸、浓缩丸的制备，其工艺流程为：原、辅料的准备→起模→成型→盖面→干燥→选丸→质量检查→包装。

塑制法适用于蜜丸、浓缩丸、糊丸、蜡丸等的制备，其工艺流程为：原、辅料的准备→制丸块→制丸条→分粒、搓圆→干燥→质量检查→包装。

滴制法适用于滴丸的制备。

(2) 供制丸用的药粉应为细粉或极细粉。起模、盖面、包衣的药粉，应根据处方药物的性质选用。丸剂的赋形剂种类较多，选用恰当的润湿剂、黏合剂，使之既有利于成型，又有助于控制溶散时限，提高药效。

(3) 水丸制备时，根据药料性质、气味等可将药粉分层泛入丸内，掩盖不良气味，防止芳香成分的挥发损失，也可将速效部分泛于外层，缓释部分泛于内层，达到长效的目的。一般选用黏性适中的药物细粉起模，并应注意掌握好起模用粉量。如用水为润湿剂，必须用8h以内的凉开水或纯化水。水蜜丸成型时先用低浓度的蜜水，然后逐渐用稍高浓度的蜜水，成型后再用低浓度的蜜水撞光。盖面时要特别注意分布均匀。

(4) 泛制丸因含水分多，湿丸粒应及时干燥，干燥温度一般为80℃左右。含挥发性、热敏性成分或淀粉较多的丸剂，应在60℃以下干燥。丸剂在制备过程中极易染菌，应采取恰当的方法加以控制。

五、实验仪器与材料

（1）仪器：搓丸板、标准筛（6号和7号）、搪瓷盘、烘箱、天平、烧杯、量筒、量杯、药匙、玻棒、水浴加热装置、温度计。

（2）材料：熟地黄、山茱萸（制）、牡丹皮、山药、茯苓、泽泻、山楂、六神曲（麸炒）、麦芽（炒）、山楂（焦）、半夏（制）、陈皮、连翘、莱菔子（炒）、酒黄芩、瓜蒌仁霜、胆南星、苦杏仁、枳实、生姜、麻油、蜂蜡、蜂蜜、纯化水。

六、实验内容

（一）蜜丸——六味地黄丸

【处方】
　　熟地黄　　　　　　16g
　　山茱萸（制）　　　 8g
　　牡丹皮　　　　　　6g
　　山药　　　　　　　8g
　　茯苓　　　　　　　6g
　　泽泻　　　　　　　6g

【制法】

（1）以上六味除熟地黄、山茱萸外，其余山药等4味共研成粗粉，取其中一部分与熟地黄、山茱萸共研成不规则的块状，放入烘箱内于60℃以下烘干，再与其他粗粉混合研成细粉，过80目筛混匀备用。

（2）炼蜜：取适量生蜂蜜置于适宜容器中，加入适量清水，加热至沸后，用40~60目筛过滤，除去死蜂、蜡、泡沫及其他杂质。然后，继续加热炼制，至蜜表面起黄色气泡，手拭之有一定黏性，但两手指离开时无长丝出现（此时蜜温约为116℃）即可。

（3）制丸块：将药粉置于搪瓷盘中，每10g药粉加入炼蜜（70~80℃）9g左右，混合揉搓制成均匀滋润的丸块。

（4）搓条、制丸：根据搓丸板的规格将以上制成的丸块用手掌或搓条板做前后滚动搓捏，搓成适宜长短粗细的丸条，再置于搓丸板的沟槽底板上（需预先涂少量润滑剂）手持上板使两板对合，然后由轻至重前后搓动数次，直至丸条被切断且搓圆成丸。每丸重9g。

【样品图片】

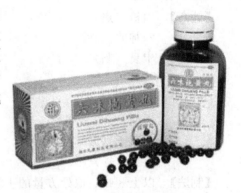

图9-1　六味地黄丸成品

【操作要点和注意事项】

（1）蜂蜜炼制时应不断搅拌，以免溢锅。炼蜜程度应掌握恰当，过嫩含水量高，使粉末黏合不好，成丸易霉坏；过老丸块发硬，难以搓丸，成丸难崩解。

（2）药粉与炼蜜应充分混合均匀，以保证搓条、制丸的顺利进行。

（3）为避免丸块、丸条黏着搓条、搓丸工具及双手，操作前可在手掌和工具上涂擦少量润滑油。

(4) 由于本方既含有熟地黄等滋润性成分，又含有茯苓、山药等粉性较强的成分，所以宜用中蜜，下蜜温度为 70~80℃。

(5) 本实验采用搓丸法制备大蜜丸，亦可采用泛丸法（即将每 10g 药粉用炼蜜 3.5~5g 和适量的水泛丸）制成小蜜丸。

(6) 润滑剂可用麻油 1000g 加蜂蜡 120~180g 熔融制成。

【性状】 本品为棕黑色的水蜜丸、黑褐色的小蜜丸或大蜜丸；味甜而酸。

【功能与主治】 滋阴补肾。用于肾阴亏损、头晕耳鸣、腰膝酸软、骨蒸潮热、盗汗遗精、消渴。

【用法与用量】 口服，水蜜丸一次 6g，小蜜丸一次 9g，大蜜丸一次一丸，一日 2 次。

(二) 蜜丸——大山楂丸

【处方】 山楂　　　　　　　　100g
　　　　 六神曲（麸炒）　　　 15g
　　　　 炒麦芽　　　　　　　 15g

图 9-2　大山楂丸成品

【制法】 以上 3 味药，取处方量的 1/4，粉碎成细粉，过七号筛，混匀；另取蔗糖 15g，加水 6.75ml 与炼蜜 15g，混合，炼至相对密度约为 1.38（70℃）时，滤过，与上述细粉混匀，制丸块，搓丸条，制丸粒，每丸重 9g，即得。

【样品图片】

【功能与主治】 开胃消食。用于食积内停所致的食欲不振，消化不良，脘胀腹闷。

【用法与用量】 口服。一次 1~2 丸，一日 1~3 次，小儿酌减。

(三) 保和丸

【处方】 山楂（焦）　　　　　30g
　　　　 六神曲（炒）　　　　 10g
　　　　 半夏（制）　　　　　 10g
　　　　 茯苓　　　　　　　　 10g
　　　　 陈皮　　　　　　　　 5g
　　　　 连翘　　　　　　　　 5g
　　　　 莱菔子（炒）　　　　 5g
　　　　 麦芽（炒）　　　　　 5g

【制法】 以上 8 味，取处方量的 1/2，混合粉碎成细粉，过六至七号筛，混匀。用冷开水或蒸馏水泛丸，干燥，即得。

【功能与主治】 消食导滞和胃。用于食积停滞，脘腹胀痛，嗳腐吞酸，不欲饮食。

【用法与用量】 口服，一次 6~9g，一日 2 次，小儿酌减。

(四) 清气化痰丸

【处方】 酒黄芩　　　　　　　10g
　　　　 瓜蒌仁霜　　　　　　 10g

半夏（制）	15g
胆南星	15g
陈皮	10g
苦杏仁	10g
枳实	10g
茯苓	10g

【制法】 以上8味，除瓜蒌仁霜外，其余黄芩等七味粉碎成细粉，与瓜蒌仁霜混匀，过筛。另取生姜10g，捣碎，加水适量，压榨取汁，与上述粉末泛丸，干燥，即得。

【操作要点和注意事项】
瓜蒌仁霜与其他七味药粉混合时应采用串油法。本品泛制时间不宜太久，否则杏仁、瓜蒌仁含油成分易渗出，使丸粒表面发黑影响外观。

【功能与主治】 清肺化痰。用于肺热咳嗽，痰多黄稠，胸脘满闷。

【性状】 本品为灰黄色的水丸；气微，味苦。

【用法与用量】 口服，一次6～9g，一日2次；小儿酌减。

七、常见蜜丸、水丸及其应用

1. 十全大补丸（水蜜丸、浓缩丸或大蜜丸）

【处方】 党参、白术（炒）、茯苓、炙甘草、当归、川芎、白芍（酒炒）、熟地黄、炙黄芪、肉桂。辅料：蜂蜜。

【功能与主治】 温补气血。用于气血两虚，面色苍白，气短心悸，头晕自汗，体倦乏力，四肢不温，月经量多。

【规格】 大蜜丸每丸重9g

【用法与用量】 口服。大蜜丸一次1丸，一日2～3次。

2. 二妙丸

【处方】 苍术（炒）、黄柏（炒）

【功能与主治】 燥湿清热。用于湿热下注，白带，阴囊湿痒。

【规格】 每100粒重6g

【用法与用量】 口服。一次6～9g，一日2次。

3. 二十五味珍珠丸

【处方】 珍珠、肉豆蔻、檀香、水牛角、西红花、麝香等二十五味名贵藏药材。

【功能与主治】 安神开窍。用于中风、半身不遂，口眼㖞斜，昏迷不醒，神志紊乱，谵语发狂等。

【规格】 ①每4丸重1g。②每丸重1g。

【用法与用量】 口服，一次4～5丸，一日2～3次。

4. 二至丸

【处方】 女贞子（蒸）、墨旱莲。

【功能与主治】 补益肝肾，滋阴止血。用于肝肾阴虚，眩晕耳鸣，咽干鼻燥，腰膝酸痛，月经量多。

【规格】 每10粒重1.7g。

【用法与用量】 口服，一次20粒，一日1～2次。

5. 左金丸

【处方】 黄连、吴茱萸。

【规格】 每瓶装 36g。

【功能与主治】 泻火，疏肝，和胃，止痛。用于肝火犯胃，脘胁疼痛，口苦嘈杂，呕吐酸水，不喜热饮。

【用法与用量】 口服。一次 3～6g，一日 2 次。

6. 龙胆泻肝丸（大蜜丸、水丸）

【处方】 龙胆、柴胡、黄芩、栀子（炒）、泽泻、木通、车前子（盐炒）、当归（酒炒）、地黄、炙甘草。

【功能与主治】 清肝胆，利湿热。用于肝胆湿热，头晕目赤，耳鸣耳聋，胁痛口苦，尿赤，湿热带下。

【规格】 每 50 粒重 3g。

【用法与用量】 口服。一次 3～6g，一日 2 次。

7. 当归养血丸

【处方】 当归、白芍（炒）、地黄、阿胶、炙黄芪、茯苓、白术（炒）、杜仲（炒）、牡丹皮、香附（制）。

【功能与主治】 养血调经。用于气血两虚，月经不调。

【规格】 大蜜丸，每丸重 9g。

【用法与用量】 口服，水蜜丸一次 9g，大蜜丸一次 1 丸，一日 3 次。

8. 华佗再造丸

【处方】 川芎、吴茱萸、冰片等。

【功能与主治】 活血化瘀，化痰通络，行气止痛。用于瘀血或痰湿闭阻经络之中风瘫痪，拘挛麻木，口眼㖞斜，言语不清。

【规格】 每瓶装 80g。

【用法与用量】 口服，一次 4～8g，一日 2～3 次；重症一次 8～16g，或遵医嘱。

9. 安宫牛黄丸

【处方】 冰片、黄连、黄芩、牛黄、麝香、水牛角浓缩粉、雄黄、郁金、珍珠、栀子、朱砂。

【功能与主治】 清热解毒，镇惊开窍。用于重度颅脑损伤有中枢性高热、惊厥、肢体强直及伴有抽搐的病人。

【规格】 每丸重 3g。

【用法与用量】 口服，一次 1 丸，一日 1 次；小儿三岁以内一次 1/4 丸，四岁至六岁一次 1/2 丸，一日 1 次；或遵医嘱。

八、常见问题及思考

(1) 用泛制法制备水丸过程中，丸粒不易长大，且丸粒愈泛愈多，或者丸粒愈泛愈少，是何原因？如何解决？

(2) 用塑制法制备蜜丸时，一般性药粉、燥性药粉、黏性药粉其用蜜量、炼蜜程度和药用蜜温度应怎样掌握？

实验十　滴丸剂的制备

一、相关背景知识

滴丸是丸剂的一种。滴丸剂是将固体或液体药物与基质加热熔化混匀后，滴入不相混溶的冷凝液中，收缩而制成的固体制剂。这种滴制法制丸过程，实际上是将固体分散体制成丸剂的形式，由于药物呈高度分散状态，增加了药物的溶解度和溶出速度，可以提高生物利用度，同时可减少剂量而降低毒副作用，还可使液体药物固体化而便于应用。用不同性质的基质可以控制药物释放速度。比如灰黄霉素滴丸以 PEG6000 为基质，疗效比超微粉灰黄霉素片高一倍，而超微粉碎技术可使超微粉片比普通粉片剂量降低一倍。联苯双酯滴丸只需片剂的三分之一。

国外 20 世纪 30～50 年代有关于滴丸的报道，维生素 A、维生素 AD、苯巴比妥、酒石酸锑钾等，仅约有 10 篇文献。由于质量和制备问题，国外销声匿迹。60 年代末中国开始研究滴丸，《中国药典》成为世界上第一个收载滴丸剂的药典。

滴丸常用基质有水溶性和非水溶性两类。水溶性基质有 PEG 类、甘油明胶等，能使药物快速释放；非水溶性基质有硬脂酸、单硬脂酸甘油酯等，可使药物缓慢释放。

二、预习要领

(1) 滴丸剂的概念。
(2) 滴丸剂的制备方法。

三、实验目的

掌握滴丸的制备过程及操作方法，了解滴丸滴制法的制备原理。

四、实验原理

滴丸的制备常采用固体分散法，即将药物溶解、乳化或混悬于适宜熔融基质中，并通过一适宜口径的滴管，滴入另一不相溶的冷凝剂中，含有药物的基质骤然冷却成形。

滴丸质量与滴管口径、熔融液的温度、冷凝液的密度、上下温度差及滴管距冷凝液面距离等因素有关。适用于水溶性基质的冷凝液有液体石蜡、植物油、甲基硅油等；适用于非水溶性基质的冷凝液则常用水、乙醇及水醇混合液等。

五、实验仪器与材料

(1) 仪器：蒸发皿，温度计，水浴锅，电炉，滴丸装置。
(2) 材料：液体石蜡，氧化锌，PEG400/4000/6000。水杨酸。

六、实验内容

(一) 氧化锌滴丸

【处方】　氧化锌　　　　　　　0.5g

PEG4000   5g

【制法】 取PEG4000在小烧杯中置于水浴中加热，水浴温度约90℃，轻轻搅拌使成熔融液。同方向轻轻搅拌下少量多次加入氧化锌，使均匀分散，得白色细腻混悬态药液。将药液滴入装有冷冻液体石蜡的滴丸装置——贮液筒内，并使药液温度保持在70～80℃。控制滴速、滴入高度、滴入幅度和位置，使混悬药液在液体石蜡冷凝液中成丸，待冷凝完全后取出滴丸，摊于报纸上，吸去其表面的液状石蜡，计数，统计所得滴丸中完整、拖尾、凹陷、扁平、气泡等不同形态滴丸的数目和比例，列入表格。自然干燥，即得。

表10-1 滴丸完整度记录表

项目	完整	拖尾	扁平	变形	气孔	凹陷	其他	合计
数目/个								
百分比/%								

【样品图片】

图10-1 滴制法制备滴丸剂

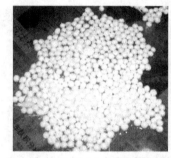

图10-2 不同形态的滴丸剂

【操作要点和注意事项】

（1）滴管是实验室制备滴丸成功与否的关键因素，滴管下沿口径不能过于狭小，以免滴液堵塞；滴管最好有预热，防止滴液冷凝；滴管口径过大也不行，容易导致拖尾现象。滴管的口径与滴液的温度间存在一定的依存关系。

（2）搅拌要轻，防止大量气泡产生。

（3）所用容器要干净、干燥。

（4）滴管下沿距离冷凝液液面一般固定在5cm左右。

（5）滴制过程中应保持滴制筒的垂直，滴入药液时应尽量分散，防止滴丸黏结在一起。

（6）氧化锌有弱的收敛、抗菌作用，并能吸着皮肤及伤口渗出液，为皮肤保护剂。氧化锌应于干燥处保存，否则易因空气中二氧化碳的作用，生成碳酸锌而结成硬块，降低疗效。

【用途】 本品具有收敛、保护皮肤作用。用于湿疹、亚急性皮炎等。

（二）水杨酸滴丸

【处方】 水杨酸   2.0g

聚乙二醇400   3.4g

聚乙二醇 6000   4.6g

【制法】 聚乙二醇、水杨酸在水浴中加热，搅拌熔化成溶液。将药液转移至滴丸装置的贮液筒内，并使药液温度保持在 65℃。控制滴速，滴入用冰浴冷却的液体石蜡冷凝液中成丸，待冷凝完全后取出滴丸，摊于纸上，吸去滴丸表面的液体石蜡，自然干燥，即得。

【操作要点和注意事项】
(1) 临床常用水杨酸醇溶液，其流动性强，挥发快，制成滴丸可使局部保持较高的浓度缓缓释放，克服用药频繁的缺点。
(2) 基质用不同分子量的聚乙二醇组成，使制成滴丸的熔点为 38～39℃，与体温相近。
(3) 应根据处方中基质的类型合理选择冷凝液，以保证滴丸能很好地成形。
(4) 保证药物与基质混合液的温度。
(5) 控制好滴速。

【用途】 用于治疗外耳道霉菌感染。

七、滴丸剂的质量检查

(1) 外观：应呈球状，大小均匀，色泽一致。
(2) 重量差异：滴丸剂的重量差异限度可按下法测定：取滴丸 20 丸，精密称定总重量，求得平均丸重后，再分别精密称定各丸的质量。每丸重量与平均丸重相比较，超出重量差异限度的滴丸不得多于 2 丸，并不得有 1 丸超出限度 1 倍。滴丸剂的重量差异限度见表 10-2。

表 10-2 滴丸剂的重量差异限度

滴丸剂的平均重量	重量差异限度/%
0.03g 或 0.03g 以下	±15
0.03g 以上至 0.30g	±10
0.30g 以上	±7.5

(3) 溶散时限：照崩解时限检查法检查，除另有规定外，应符合以下规定。

将吊篮通过上端的不锈钢轴悬挂于金属支架上，浸入温度为 (37±1)℃ 的恒温水浴中，调节水位高度使吊篮上升时筛网在水面下 15mm 处，下降时筛网距烧杯底部 25mm，支架上下移动的距离为 (55±2) mm，往返频率为 30～32 次/min。

按上述装置，但不锈钢丝网的筛孔内径应为 0.425mm；除另有规定外，取滴丸 6 粒，分别置于上述吊篮中的玻璃管中，每管各加一粒，启动崩解仪进行检查。各丸应在 30min 内全部溶散并通过筛网。如有 1 粒不能完全溶散，应取 6 粒复试，均应符合规定。

表 10-3 滴丸质量检查结果

制　剂	重量差异	溶散时限						合格率/%
		1	2	3	4	5	6	
氧化锌滴丸								
水杨酸滴丸								

八、常见问题及思考

(1) 分析所制备滴丸的完整度情况，思考如何通过实验设计和工艺优化改进滴丸质量？
(2) 所制滴丸出现拖尾、针孔、粘连、变形现象的原因是什么？

(3) 试分析在滴制过程中为什么会出现滴丸滴下后又漂浮起来的现象？

(4) 滴管口径过小会导致堵塞，是不是管口越大越好？

(5) 如何处理药液中的气泡？不除去会对滴丸质量造成什么影响？

九、常见药用滴丸及应用

1. 鼻用薄荷滴丸

【处方】 薄荷油 1.5g，半合成脂肪酸酯 48.5g。

【作用与用途】 祛风清热，消肿通窍。用于鼻渊、鼻塞、鼻流浊涕等急、慢性鼻炎。

2. 氯霉素耳滴丸

【处方】

① 药物：氯霉素 0.2g。

② 基质：PEG6000 0.4g。

③ 冷凝剂：二甲基硅油。制成 20 丸。

【作用与用途】 具有抗菌消炎作用，用于治疗化脓性中耳炎。

3. 复方丹参滴丸

【处方】

① 药物：丹参 450g，三七 141g，冰片 8g。

② 基质：PEG6000 适量。

③ 冷凝剂：液体石蜡。

【作用与用途】 活血化瘀，理气止痛，芳香开窍。用于胸中憋闷、心绞痛。

【用法与用量】 口服或舌下含服。10 粒/次，3 次/日。疗程 4 周，或遵医嘱。

4. 灰黄霉素滴丸

【处方】 灰黄霉素 1g，聚乙二醇 6000 7g。制成 20 丸。

【作用与用途】 抗生素类药。用于头癣、叠瓦癣及手足癣等体表感染。

【用法与用量】 口服，每日 10 丸，分 2～4 次服用。儿童按体重每千克口服 5～10mg。

5. 苏冰滴丸

【处方】 苏合香脂 0.1g，冰片 0.2g，聚乙二醇 6000 0.7g。制成 20 丸。

【作用与用途】 芳香开窍、理气止痛。适用于冠心病、胸闷、心绞痛、心肌梗死等症，能迅速缓解症状。

【规格】 含冰片 12.0%～22.0%。丸重约 50mg。

【用法与用量】 口服。一次 2～4 丸，每日 3 次，发病时可含服或吞服。

6. 芸香油滴丸

【处方】 芸香油 67.0ml，虫蜡 2.8g。硬脂酸钠 7.0g，纯化水 2.8ml。

【作用与用途】 平喘止咳。用于支气管哮喘、哮喘性支气管炎，并适用于慢性支气管炎。

【用法与用量】 口服，一次 5 粒，一日 3 次。

7. 联苯双酯滴丸

【处方】 联苯双酯 0.15g，聚乙二醇 6000 1.34g，聚山梨酯 80 0.015g。共制成 100 粒。

【作用与用途】 有降低血清谷丙转氨酶的作用。适用于迁延性肝炎和长期单项血清谷丙转氨酶异常者。

【用法与用量】 口服,常用量为每次 7.5~15mg,一日 3 次。

8. 牙痛宁滴丸

【处方】 山豆根 2.5g,黄柏 1.5g,天花粉 0.3g,青木香 0.18g,天然冰片 0.3g,白芷 1.0g,细辛 0.3g,樟脑 0.3g,聚乙二醇 6000 0.2g。制成 100 丸。

【作用与用途】 清热解毒,消肿止痛。用于胃火内盛所致牙痛、齿龈肿痛、口疮、龋齿、牙周炎、口腔溃疡见上述证候者。

【用法与用量】 口服或舌下含服,一次 10 粒,一日 3 次;或遵医嘱。

实验十一　微丸的制备

一、相关知识背景

微丸属于新剂型，指的是由药物粉末和辅料制成的直径小于 2.5mm 的圆球状实体。

微丸自成一种剂型，通过包衣提高其稳定性或控制释药速度，也可以将微丸包衣后压成片剂或装入胶囊，成为其他剂型的过渡剂型。微丸有速释微丸和缓控释微丸。如硝苯地平微丸、吲哚洛尔控释微丸等。

有研究显示：微丸口服后在回盲肠结合部有相当长时间的滞留和二次吸收，是药物缓释的主要原理之一。

微丸的制备一般密闭和自动化程度较高，实验室手工制备也要通过简易微型包衣锅完成。

微丸的质量考察项目如下。
① 粉体学性质：包括粒度、圆整度、流动性、堆密度、脆碎度等符合要求。
② 溶散时限：按《中国药典》溶散时限测定法测定，应符合药典要求。
③ 含量测定：应符合要求。

二、预习要领

(1) 查找相关资料，举出微丸应用的例子，并说说药物制成微丸有什么意义。
(2) 查找相关研究，列举微丸的制备方法。
(3) 工业生产常用哪种方法制备微丸。
(4) 微丸在质量上有什么要求？

三、实验目的

(1) 通过实验掌握微丸的制备方法。
(2) 了解微丸的应用。
(3) 会对微丸进行质量评价。
(4) 会对微丸制备过程出现的问题进行分析和解决。
(5) 能理论联系实际，对目前微丸的生产、研究有一定了解。

四、实验原理

在生产上，微丸一般通过微丸生产设备制备。制备方法主要有滚动成丸法、挤压-滚圆成丸法、离心-流化造丸法、喷雾冻凝法和喷雾干燥法。滚动成丸法采用包衣锅进行，有空白丸芯滚丸法、滚动泛丸法、湿颗粒滚动成丸法。离心-流化造丸法是在一密闭的系统内完成混合、起母、成丸、干燥和包衣全过程。喷雾冻凝法是将药物与熔化的脂肪或蜡类混合从顶部喷进一冷塔中，熔融的液滴冷却凝固形成微丸。喷雾干燥法是将药物的溶液或混悬液喷雾，经热交换液相蒸发而成微丸。挤压-滚圆成丸法是目前常用的制备方法，其工艺流程为：

湿料造粒→挤压→滚圆成丸→微丸干燥。

五、实验仪器与材料

(1) 仪器：研钵、标准药筛（12目、14目、60目、80目、120目）、水浴锅。
(2) 材料：吲哚洛尔，硝苯地平，微晶纤维素，PVP，糖粉，淀粉，无水乙醇。

六、实验内容

(一) 吲哚洛尔控释微丸

【处方】　吲哚洛尔　　　　　　　1份
　　　　　微晶纤维素　　　　　　9份
　　　　　2%PVP　　　　　　　　适量

【制法】　将吲哚洛尔与微晶纤维素粉末混合均匀，用2%PVP溶液作为黏合剂制软材，造粒，然后在挤压机（转速为23r/min，筛孔为0.8~1.2mm）挤出，挤出物置转速为950r/min的滚丸机内滚动5min，成湿丸，于50℃干燥4h，即制得微丸的丸芯。丸芯经包衣即制成微丸。

【用途】　用于窦性心动过速、阵发性室上性和室性心动过速、室性早搏、心绞痛、高血压等。

【用法与用量】　口服：1次1~5mg，1日3次。用于心绞痛等，1日15~60mg。

【操作要点和注意事项】
(1) 微晶纤维素是一种新型的药用辅料，具有良好的流动性和崩解作用。
(2) 聚维酮易溶于水和乙醇，溶液具有一定黏性，是一种常用的黏合剂。
(3) 制备时注意软材的干湿度，控制挤出和滚圆的转速。

【常见问题及思考】
(1) 进行处方分析，讲讲处方中各成分的性质和作用。
(2) 聚维酮易溶于水和乙醇，什么情况下用乙醇作为溶剂？
(3) 本法属于哪种制备方法？
(4) 制备过程中应控制什么工艺条件？
(5) 影响微丸的质量有哪些因素？

(二) 硝苯地平微丸

【处方】　硝苯地平　　　　　　　1g
　　　　　聚维酮　　　　　　　　适量
　　　　　无水乙醇　　　　　　　适量

【制法】　将硝苯地平与聚维酮溶于无水乙醇中，用共沉淀法制备硝苯地平-聚维酮固体分散体，干燥，粉碎，过80目，备用。取空白丸芯（用糖粉与淀粉混匀制成30~40目的颗粒），置包衣造粒机中，以聚维酮乙醇液为黏合剂，将80目的硝苯地平-聚维酮固体分散体以一定速度加入，使其均匀黏附于空白丸芯表面上，制成微丸，干燥，筛选20~40目微丸，即得。

【用途】　①心绞痛：变异型心绞痛；不稳定型心绞痛；慢性稳定型心绞痛。②高血压（单独或与其他降压药合用）。

【用法与用量】　从小剂量开始服用，一般起始剂量10mg/次，一日3次口服。在严格监测下的住院患者，可根据心绞痛或缺血性心律失常的控制情况，每隔4~6h增加1次，每次

10mg。

【操作要点和注意事项】

(1) 共沉淀法是将药物和载体同时溶于有机溶剂中,蒸去有机溶剂,使药物高度分散于载体中形成的固体混合物,即固体分散体。

(2) 聚维酮在本处方中作为药物的载体,乙醇溶液作为黏合剂。

(3) 本法用空白丸芯作为种子,喷入黏合剂湿润,再撒入药物细粉滚圆而成微丸。

【常见问题及思考】

(1) 进行处方分析,讲讲聚维酮在本处方中的作用。

(2) 本法属于哪种制备方法?

(3) 通常用什么材料制备空白丸芯?如何制备?

(4) 影响微丸圆整度的因素有哪些?

(5) 制备过程应对哪些工艺条件进行控制?

七、技能拓展

当归补血微丸

当归补血汤是经典的方剂之一,由当归和黄芪按 1∶5 组成,其浸膏粉末作为本处方的原料。加入适当的辅料、调节剂和润湿剂,用挤压-滚圆成丸法制成微丸。

【处方研究】

表 11-1　当归补血微丸处方

处方	当归补血浸膏粉比例/%	微晶纤维素比例/%	调节剂及所占比例/%	润湿剂
1	30	60	淀粉(10)	30%乙醇
2	30	60	糊精(10)	30%乙醇
3	30	60	微粉硅胶(10)	水
4	30	60	微粉硅胶(10)	50%乙醇

【要求】

(1) 按照上面处方组成,分别用挤压-滚圆成丸法制成微丸。

(2) 比较所制得微丸的外观质量、圆整度、收得率等。

(3) 确定理想的处方组成和工艺条件。

(4) 写出当归补血微丸处方、制备方法。

(5) 用优化的处方和制备方法进行制备,并记录结果。

【常见问题及思考】

(1) 中药微丸在制备上应注意什么?

(2) 浸膏粉的黏性对成型有什么影响?

(3) 怎样选择合适的调节剂?依据是什么?

(4) 不同的调节剂对微丸成型有什么影响?

(5) 如何选择合适的润湿剂?

八、实验结果

将实验结果记录于表 11-2。

表 11-2　微丸质量检查表

品　　名	粒度	圆整度	溶散时限	收得率
吲哚洛尔控释微丸				
硝苯地平微丸				
当归补血微丸				

九、质量检查

微丸的质量从粒度、圆整度、流动性、堆密度、脆碎度、溶散时限等方面进行评价。须符合《中国药典》的规定。

十、常见药用微丸及应用

1. 药用蔗糖微丸

【处方】　蔗糖，辅料。

【规格】　300～1200μm。

【用途】　药用辅料，主要用作肠溶微丸制剂和缓控释微丸制剂的芯料。

2. 红霉素肠溶微丸胶囊

【处方】　红霉素碱，辅料。

【规格】　125mg。

【用途】　大环内酯类抗生素。用于治疗呼吸道感染、耳鼻喉感染、泌尿生殖道感染。

【用法与用量】　儿童每日每千克体重 30～50mg，分 2 次服用。严重感染可加倍。或遵医嘱。百日咳：建议 40～50mg/（kg·天），治疗 5～14 天。

3. 双氯芬酸钠缓释微丸

【处方】　双氯芬酸钠，辅料。

【规格】　100mg。

【用途】　①缓解类风湿关节炎、骨关节炎、脊柱关节病、痛风性关节炎、风湿性关节炎等各种慢性关节炎的急性发作期或持续性的关节肿痛症状；②各种软组织风湿性疼痛，如肩痛、腱鞘炎、滑囊炎、肌痛及运动后损伤性疼痛等；③急性的轻、中度疼痛，如手术、创伤、劳损后等的疼痛，原发性痛经，牙痛，头痛等。

【用法与用量】　口服：本品须整粒吞服，勿嚼碎。一次 100mg，一日 1 次，或遵医嘱。

4. 儿童感热清微丸

【处方】　牛黄，麝香，羚羊角，人参，黄连，牛胆粉，丁香，甘草。

【规格】　每 40 丸重 0.2g。

【功能与主治】　清心泻火，开窍宁神。用于外感高热、烦急不安等证。

【用法与用量】　依据年龄：新生儿至 15 岁：2～20 粒/次，每日 3 次。

5. 清胃止痛微丸

【处方】　黄连，白芍，地榆，白及，鸡内金，辅料。

【规格】　每袋装 3.2g。

【功能与主治】　清胃泻火，柔肝止痛，用于胃脘痛、拒按、口干苦、喜冷饮、烦躁易怒、嘈杂、舌红、脉弦数等。

【用法与用量】 口服，一次 3.2g，一日 3 次，一周为一疗程，或遵医嘱。

十一、课后总结

（1）通过实验，你对微丸有什么新认识。
（2）比较微丸的制备方法，各有什么特点？
（3）你对微晶纤维素有什么认识，作为药用辅料有什么特点？
（4）原料的黏性与辅料和黏合剂的选择有什么关系？
（5）你在进行处方优化过程中学到了什么？在药品生产中有什么应用？

实验十二　软膏剂与乳膏剂的制备

一、相关背景知识

软膏剂是药物与适宜基质均匀混合制成的外用半固体剂型。基质占软膏的绝大部分，它除起赋形剂的作用外，还对软膏剂的质量起重要作用。

软膏剂中以乳剂为基质的称为"乳膏"。

常用的软膏基质可分为三类。(1) 油脂性基质：此类基质包括烃类、类脂及动植物油脂。此类基质除凡士林等个别品种可单独作软膏基质外，大多是混合应用，以得到适宜的软膏基质。油脂性基质制成的软膏又称"油膏"。(2) 乳剂型基质：系由半固体或固体油溶性成分，水（水溶性成分）和乳化剂制备而成。其中，水包油型乳膏又称"雪花膏"，而油包水型乳膏又称"冷霜"。(3) 水溶性及亲水性基质：水溶性基质是由天然或合成的高分子水溶性物质所组成。常用的有甘油明胶、纤维素衍生物及聚乙二醇等。

软膏的质量要求：均匀、细腻、软滑；黏稠度适宜，易于涂布；性质稳定；无刺激性及其他不良反应；用于溃疡创伤面的应无菌。

二、预习要领

(1) 软膏剂主要起的治疗作用是什么？
(2) 制备乳膏剂时乳化剂的选择原则有哪些？
(3) 如何区分 W/O 和 O/W 型乳膏剂？
(4) 对于一种药物根据什么选择软膏基质？

三、实验目的

(1) 掌握不同类型基质软膏的制备方法。
(2) 根据药物和基质的性质，了解药物加入基质中的方法。
(3) 了解软膏剂的质量评定方法。

四、实验原理

软膏剂的制备方法有多种。
(1) 研和法：基质已形成半固体时采用此法。
(2) 熔和法：通过加热，使基质熔化、混匀，再加入药物研磨混匀。
(3) 乳化法：专用于乳剂基质软膏剂的制备。将处方中的所有油溶性组分（包括药物）一并加热熔化，并保持温度 80℃ 左右，作为油相；另将其余水溶性成分（包括药物）溶于水中，并控制温度稍高于油相；将两者混合，不断搅拌，直至冷凝，即得。药物在水或油中均不溶者，可待乳剂基质制好后，再用研和法混匀。乳化法中油、水两相混合的方法：①两相同时掺和；②分散相加到连续相中；③连续相加到分散相中。

本实验采用氧化锌和尿素为主药，制成不同类型的软膏。

五、实验仪器与材料

(1) 仪器：水浴锅、研钵、小烧杯、托盘天平、量筒等。

(2) 材料：氧化锌、羊毛脂、花生油、氢氧化钙溶液、十二烷基硫酸钠、鲸蜡醇、甘油、纯化水、5%尼泊金乙酯溶液、尿素、白凡士林、硬脂酸、液体石蜡、甘油、硬脂醇、司盘-60、吐温-80、山梨酸、蜂蜡、石蜡、单硬脂酸甘油酯、羧甲基纤维素钠、纯化水。

六、实验内容

（一）氧化锌油膏

【处方】　氧化锌　　　　　1g
　　　　　凡士林　　　　　10g

【制法】　取氧化锌粉末，分次加入60℃左右熔化的凡士林中，边加入边研磨，研匀后冷凝即得。

【样品图片】

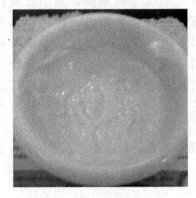

图12-1　氧化锌油膏

【操作要点和注意事项】

(1) 以外观判断油膏制备的程度，通常通过有无可见的颗粒、有无气泡、细腻程度、颜色均匀度等指标。

(2) 凡士林应熔化完全，研磨过程应用力，且维持一定时间，可边研磨边冷凝。

（二）氧化锌冷霜

【处方】　氧化锌　　　　　　　　1g
　　　　　羊毛脂　　　　　　　　3g
　　　　　花生油　　　　　　　　3ml
　　　　　氢氧化钙饱和溶液　　　3ml

【制法】　取羊毛脂、花生油置研钵中加热，熔化后放冷至45～50℃时再缓缓加入氢氧化钙饱和溶液中，并不断沿同一方向缓慢用力研磨，使成乳膏状；另取氧化锌少量多次加入上述乳膏基质中，研匀，即得类白色乳膏。

【样品图片】

图12-2　加入熔化后的羊毛脂图

图12-3　氧化锌油膏

图 12-4 氧化锌油膏（右）和冷霜的比较

【操作要点和注意事项】
(1) 氢氧化钙饱和溶液应新鲜配制，因为溶液易吸收空气中的 CO_2 而生产碳酸钙沉淀，从而使溶液混浊，影响皂化反应。氢氧化钙饱和溶液为氧化钙 3g 加纯化水 1000ml 制成，临用时取上清液。
(2) 不能将羊毛脂、花生油混合熔融后直接一次性倒入氢氧化钙饱和溶液。
(3) 羊毛脂和花生油的混合熔融温度应控制好，若温度较高会有大量气泡产生；若温度过低，则会导致混合物凝固，这两种情况都不利于乳化。
(4) 乳膏的制备关键在乳化，所以研磨的力度和时间对乳化效果影响较大。
(5) 乳化顺序若反过来：将氢氧化钙饱和溶液加入花生油中，再加入羊毛脂，往往会导致乳化失败。

(三) 尿素霜

【处方】
尿素	10g
白凡士林	5g
鲸蜡醇	2g
甘油	3ml
十二烷基硫酸钠	0.5g
5%尼泊金乙酯溶液	0.04ml（胶头滴管1滴）
纯化水	6ml

【制法】
(1) 将尿素、十二烷基硫酸钠、甘油、5%尼泊金乙酯和纯化水于烧杯中在电热套上加热溶解，调节至70℃保温，备用。
(2) 取白凡士林、鲸蜡醇于水浴中熔化，在70℃保温下将此液缓缓加入上述备用液水相中，并边加边搅拌，冷凝即得。

【样品图片】

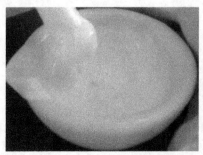

图 12-5 尿素雪花膏的形态

【操作要点和注意事项】

（1）制备时由于油和水两相都要求70℃，可将水相溶解后，直接在电热套上调节温度，之后油相的熔化和乳化也都可以直接在控制好温度的电热套上直接进行，无需水浴。若温度难以调节，仍需水浴加热。

（2）应将油相加入水相中，有利于乳化。

（3）鲸蜡醇相对溶解较慢，可在保持温度的前提下均匀搅拌。

（4）物料较多，注意避免类似加入的错误：将鲸蜡醇加入水相；将尿素加入油相。

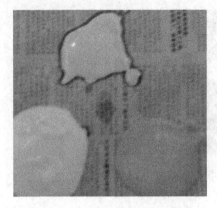

图12-6 油膏（右）、雪花膏（左）和冷霜的比较

（四）尿素软膏（油脂性基质）

【处方】
尿素	0.75g
白凡士林	15g

【制法】 在水浴上将凡士林熔化，待温度降至60℃左右时，加入研细的尿素，边加边搅拌（或研磨）至凝固。

【操作要点和注意事项】 加入尿素时温度要控制好。温度过高尿素易分解，使药物含量降低。温度过低则不易混合均匀。

（五）尿素软膏（水溶性基质）

【处方】
尿素	2.0g
羧甲基纤维素钠	1.0g
甘油	3.0g
纯化水	加至20g

【制法】 将羧甲基纤维素钠、甘油在乳钵中研匀，加适量纯化水使溶解，加入水溶液研匀，加纯化水至全量，分次少量加入研细的尿素。

【操作要点和注意事项】

（1）加入纯化水可适当研匀后放置一定时间，待羧甲基纤维素钠完全有限溶胀，即无"白心"。再进一步研磨无限溶胀，得到透明均一的半固体。

（2）要缓慢研磨，防止产生过多的气泡。

（六）尿素乳膏（W/O型乳剂基质）

【处方】
尿素	2.0g
蜂蜡	1.0g
单硬脂酸甘油酯	5.0g
白凡士林	1.0g
液状石蜡	20.5g
尼泊金乙酯	0.02g
石蜡	1.0g
司盘-60	0.4g
吐温-80	0.2g
纯化水	加至20.0g

【制法】 将单硬脂酸甘油酯、蜂蜡、石蜡、白凡士林置小烧杯中于水浴中加热熔化，再加入液状石蜡、司盘-80、吐温-80、尼泊金乙酯，加热至 80℃，另将纯化水加热至 80℃，水相缓缓加入油相溶液，边加边不断搅拌，至呈乳白色，室温下搅拌至冷凝，分次加入尿素，混匀。

【操作要点和注意事项】
(1) 水相加入油相时以及乳化过程宜中速搅拌。冷却阶段宜中速或慢速搅拌。
(2) 搅拌时必须按同一方向搅拌。

（七）尿素乳膏（O/W 型乳剂基质）

【处方】

尿素	2.0g
司盘-60	0.3g
硬脂酸	1.2g
硬脂醇	1.2g
液体石蜡	1.8g
吐温-80	0.9g
甘油	2g
白凡士林	1.2g
山梨酸	0.04g
纯化水	加至 20g

【制法】 硬脂酸、司盘-60、吐温-80、白凡士林、硬脂醇、液体石蜡为油相，置小烧杯中在水浴上加热至 80℃，另将甘油、山梨酸、纯化水置烧杯中，水浴加热至 80℃，水相加入油相，水浴上不断搅拌至乳白色半固体状，室温下搅拌至冷凝，分次加入尿素，混匀。

【操作要点和注意事项】
(1) 油相应充分熔化或溶解，但加热时间不宜过长以防止原料分解或氧化变质。
(2) 水相温度可稍高于油相的温度。
(3) 水相加入油相时以及乳化过程中宜剧烈搅拌，冷却阶段则以中速或慢速搅拌为好。
(4) 尿素可用少量纯化水溶解后加入。

七、质量要求和检验方法

（一）质量要求
① 外观。
② 稠度。
③ 酸碱性。
④ 刺激性。
⑤ 稳定性。

（二）检验方法
(1) 外观：色泽均匀一致，质地细腻，无沙砾感。
(2) 稠度：软膏剂多属非牛顿流体，测量稠度。采用插入度计测量。稠度越大，插入度越小。一般软膏常温插入度为 100~300，乳膏为 200~300。
(3) 酸碱性：取样品加适当溶剂（水或乙醇）振摇，呈中性，甲基橙和酚酞均不变色。
(4) 刺激性：将软膏涂于无毛皮肤，24h 后观察皮肤有无发红、起疹、水疱等现象。

(5) 稳定性：将软膏分别置于烘箱[(40±1)℃]、室温[(25±3)℃]、冰箱[(5±2)℃]中贮存1~3个月，检查以上项目，应符合要求。乳膏应进行耐热、耐寒试验，分别于55℃恒温6h和-15℃放置24h，取出，放至室温，应无油水分离。离心法，在室温条件下，取10g软膏装入离心管中，置2500r/min转速离心机中30min，不出现分层。

(6) 乳剂型软膏基质类型鉴别：有染色法和显微镜观察法等。加苏丹红油溶液，若连续相呈红色则为W/O型乳剂基质。加亚甲基蓝水溶液，若连续相呈蓝色则为O/W型乳剂基质。

八、常见软膏剂和乳膏剂及其应用

1. 清凉油

【处方】 樟脑1.6g，薄荷脑1.6g，桉叶油1.0g，石蜡2.1g，薄荷油1.0g，蜂蜡0.9g，10%氨溶液1滴，凡士林2.0g。

【用途】 止痒止痛。用于伤风，头痛，蚊叮虫咬。

【用法与用量】 外用。涂于穴位、患处。

2. 冻疮膏

【处方】 樟脑0.3g，硼酸0.5g，甘油0.5g，凡士林适量，制成10g。

【用途】 皮肤刺激药。用于冻伤。

【用法与用量】 用温水洗净疮面后，涂抹。

【附注】 ①忌用于已破的冻疮，以免刺激或腐蚀组织；②本品制备与贮存时忌与铁器接触。

3. 雪花膏

【处方】 硬脂酸2.0g，氢氧化钾0.14g，甘油0.5ml，香精适量，纯化水适量。共制10.0g。

【用途】 能使皮肤与外界干燥空气隔离，调节皮肤表皮水分挥发，保护皮肤，防止干燥、皲裂或粗糙。

【用法】 外用，涂抹。

4. 紫草软膏

【处方】 紫草3g，白芷3g，忍冬藤3g，冰片0.3g，麻油50g，蜂蜡适量。

【功能与主治】 解毒消肿，止痛生肌。用于水火烫伤，疮疡溃烂，久不收口。

【用法】 外用，涂敷于患处。

5. 紫花地丁软膏

【处方】 紫花地丁8.4g，麻油1.1g，蜂蜡0.55g。

【功能与主治】 抗菌消炎。用于一切疖肿，乳腺炎。

【用法】 外用。根据患部面积大小，适量涂敷，一日换药1~2次。

6. 艾洛松软膏

【处方】 糠酸莫米松，软膏辅料。

【功能与主治】 用于湿疹、神经性皮炎、异位性皮炎及皮肤瘙痒症。

【规格】 5g：5mg；10g：10mg。

【用法与用量】 局部外用。取本品适量涂于患处，每日1次。

7. 氯化锶牙膏

【处方】 氯化锶 10.0g，薄荷油 0.2ml，桂皮油 0.2ml，冬青油 0.8ml，肥皂粉 50.0g，碳酸钙 30.0g，甘油适量。共制 100.0g。

【用途】 有助于降低牙龈敏感度和牙周病。

【用法与用量】 日用，刷牙。

九、常见问题及思考

(1) 氧化锌软膏基质属何种类型？本实验三个软膏剂的别名是什么？

(2) 指出乳膏中的乳化剂。

(3) 有哪几种方法判定乳膏是油包水型还是水包油型？试试看，结果是否跟你设想的一样？

(4) 氧化锌冷霜制备时为什么要在 45～50℃ 乳化？

(5) 判断软膏外观质量的依据是什么？

(6) 你觉得尿素软膏应选择哪一种基质？为什么？

(7) W/O 和 O/W 型乳膏剂优缺点和适用证分别是什么？

(8) 判断软膏剂变质的感官指标有哪些？

(9) 如乳膏在放置过程中分层，一般是哪个工艺没做好？

(10) 通过实验，试比较雪花膏、冷霜、油膏、乳膏、软膏几个概念的区别与联系。

实验十三 软膏剂的体外释放测定

一、相关背景知识

软膏剂是指药物与油脂性或水溶性基质混合制成均匀的半固体外用制剂。基质不同,得到不同类型的软膏。比如以油脂性材料为基质,得到油膏;以乳剂型基质得到乳膏,也称"霜"。乳膏指药物溶解或分散于乳液型基质中形成均匀的半固体外用制剂,根据基质不同可分为水包油型乳膏剂(又称雪花膏)与油包水型乳膏剂(又称冷霜)。

二、预习要领

(1) 油膏、乳膏、软膏、冷霜、雪花膏的概念和特点。
(2) 根据软膏的知识,实验前判断油膏、冷霜、雪花膏三种哪种的释放和扩散最快?为什么?
(3) 软膏剂的制备方法。

三、实验目的

了解软膏剂基质对药物释放的影响,学习用琼脂扩散法测定软膏中药物的释放速率。

四、实验原理

软膏剂发挥疗效的前提是基质中的药物以适当速度释放到皮肤表面,对软膏中药物的释放有多种体外测定方法,琼脂扩散法是其中较常用的一种方法。

琼脂类似于模拟人的皮肤结构,药物在琼脂中的释放和扩散一定程度上反映了软膏基质在皮肤中的释药速度。

琼脂扩散法采用琼脂凝胶为扩散介质,将软膏剂涂在含有指示剂的凝胶表面,测定药物与指示剂产生的色层高度,来比较药物自基质中释放的速度。扩散距离与时间的关系可用以下经验式表示:

$$y^2 = kx$$

式中,y 为扩散距离,单位为毫米(mm);x 为扩散时间,单位为小时(h);k 为扩散系数,单位 mm^2/h。

以不同时间呈色区的高度的平方(y^2)对扩散时间 x 作图,应得到一条直线,此直线的斜率为 k,反映了软膏剂释药能力的大小。

五、实验仪器与材料

(1) 仪器:试管(10ml)、烧杯(250ml)、量筒(10ml)、钢匙、电热套、温度计。
(2) 材料:水杨酸、三氯化铁溶液、油脂性基质、O/W 乳膏基质、W/O 乳膏基质、琼脂。

六、实验内容

（一）5%水杨酸软膏的制备

【处方】
水杨酸	0.3g
油脂性基质、O/W乳膏基质、W/O乳膏基质	各5.7g
凡士林	5.2g

【制法】 油脂性基质：取水杨酸0.3g，在研钵中与8滴液体石蜡研磨混合，成糊状。取5.2g凡士林，置于45℃水浴上加热熔化，倾入研钵中与糊状物研磨混合均匀。

乳膏基质：取计算量水杨酸研细粉0.3g，分别与O/W乳膏基质、W/O乳膏基质各5.7g研匀，制得两种不同基质的水杨酸软膏约6g。

【操作要点和注意事项】

(1) 主药水杨酸应与各种软膏基质充分研磨混合均匀，但对乳膏基质而言不可过于研磨，以免影响乳剂稳定性。

(2) 乳膏与药物混合时不能加热。

(3) 水杨酸处理过程中注意避免接触金属器具。

(4) 油脂性基质、O/W乳膏基质、W/O乳膏基质需由实验准备老师提前配制好。

① 油脂性基质：直接以凡士林为基质，临用前熔化，滴加液体石蜡。

② O/W乳膏基质的组成：单硬脂酸甘油酯0.4g、十八醇1.6g、液体石蜡10.0g、白凡士林2.4g、十二烷基硫酸钠0.2g、甘油1.4g、尼泊金乙酯0.04g、纯化水加至20.0g。

③ W/O乳膏基质的组成：单硬脂酸甘油酯2.0g、石蜡2.0g、液体石蜡10.0g、白凡士林1.0g、司盘-80 0.1g、乳化剂OP 0.1g、尼泊金乙酯0.02g、纯化水加至20.0g。

采用乳化法制备W/O型或O/W型乳化剂基质时，油相和水相应分别在水浴上加热并保持温度80℃，然后将水相缓缓加入油相中，边加边不断顺向搅拌，若不是沿一个方向搅拌，往往难以制得合格的乳剂基质。

(5) 乳剂基质处方中，有时存在少量辅助乳化剂，目的在于增加乳剂的稳定性。

(6) 乳剂基质的类型决定于乳化剂的类型、水相与油相的比例等因素。例如，乳化剂虽为O/W型，但处方中水相的量比油相量少时，则往往难以得到稳定的O/W型乳剂，会因转相而生成W/O型乳剂基质。

（二）水杨酸软膏的琼脂扩散试验

【林格氏溶液配制】

按以下处方称取药物，溶解在水中，加水至足量混匀即得。

处方：
氯化钠	0.85g
氯化钾	0.03g
氯化钙	0.048g
纯化水	加至100ml

【琼脂凝胶的制备】 在60ml林格溶液中加入1g琼脂，置电热套上加热，轻轻搅拌使溶，室温放置，冷却至60℃，加三氯化铁溶液1.5ml，混匀，立即沿壁小心倒入内径一致、距管口1cm处有标示的3支10ml小试管中，防止产生气泡。每管上端留10mm空隙，直立静置，在室温冷却成凝胶。

【实验图片】

图 13-1　琼脂凝胶的制备和冷凝　　　　　　　　　图 13-2　琼脂凝胶的制备操作不当会分层

【释药试验】　将水杨酸软膏用钢匙分别装满试管（与管口齐平），注意软膏应与琼脂表面密切接触，不留空腔。装填完后直立放置，按下表观察并记录呈色区高度，记入表 13-1。以呈色区高度 y 的平方对时间 x 作图，直线斜率即为扩散系数 k。

表 13-1　软膏基质对水杨酸琼脂扩散速度的影响

时间/h	呈色区高度/mm		
	油脂性软膏基质	O/W 乳膏基质	W/O 乳膏基质
1			
3			
6			
9			
24			
36			
回归方程			
k			

【实验图片】

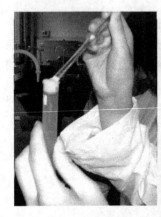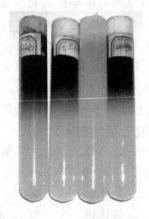

图 13-3　将软膏装入试管　　　　　　　　　　　图 13-4　药物的扩散和数据记录

【操作要点和注意事项】

(1) 琼脂必须完全溶解。琼脂在林格液中溶解时可轻微搅拌，但应避免剧烈搅拌，以防出现大量气泡。溶解温度最好控制在 90℃，溶解过程约需 20min，加热期间切勿沸腾！

(2) 氯化铁溶液应在琼脂溶液温度降低至 60℃ 时加入，若加入时温度过高，会使氯化铁变色。同时，加了氯化铁溶液的琼脂凝胶如再次加热，会变成棕红色。

（3）气泡严重影响测定结果。软膏的制备、琼脂的溶解、装管等过程中应尽量避免气泡的混入。

（4）操作过程中应注意容器、工具的洁净，防止混色情况的发生。

（5）试管应做好标记。

（6）乳剂基质处方中，有时存在少量辅助乳化剂，目的在于增加乳剂的稳定性。例如单硬脂酸甘油酯即为辅助乳化剂。

七、常见问题及思考

（1）人的皮肤有油性、中性和干性之分。根据本实验的结论，三种软膏的释放和扩散在三种皮肤中是否一致，为什么？

（2）琼脂凝胶制备过程中加入氯化铁溶液时为什么要降温至60℃？高温下加入有何现象和后果？

（3）为什么有的组会出现没有紫色色环的情况？而有的组整个琼脂凝胶的颜色都是紫色？

（4）为什么有的琼脂液有分层现象，而有的不凝固？

（5）软膏剂在皮肤表面的释放速度跟哪些因素有关？琼脂凝胶能否完全模拟皮肤？

实验十四 栓剂的制备

一、相关背景知识

栓剂是一种独特的剂型。其最显著的特征是通过腔道给药。

栓剂是指药物与适宜基质制成的供腔道给药的固体剂型。常用的有肛门栓和阴道栓,其形状和大小各不相同。肛门栓常用形状为鱼雷形,阴道栓以鸭嘴形较常见。栓剂中的药物与基质应混合均匀,无刺激性,外形完整光滑;塞入腔道内应能融化、软化或溶化。能和体液混合或溶于体液以释放出药物,产生局部或全身作用。栓剂应有适宜的硬度,以免在包装、贮存或使用过程中变形。

常用基质有脂肪性基质和水溶性基质两类。脂肪性基质常用可可豆脂、乌柏脂、香果脂、半合成椰油脂、半合成棕榈油脂、半合成山苍子油脂、硬脂酸丙二醇酯等。水溶性基质常用甘油明胶、聚乙二醇类、聚氧乙烯(40)单硬脂酸酯类、泊洛沙姆(poloxamer-188)等。

二、预习要领

(1) 甘油明胶基质制备时的注意点是什么?
(2) 药物加入的方法有哪些?
(3) 热熔法制备栓剂的操作要点和实验步骤是什么?

三、实验目的

(1) 了解各类栓剂基质的特点和适用情况。
(2) 掌握熔融法制栓剂制备工艺。
(3) 熟悉置换价的概念和用法。

四、实验原理

栓剂的基本制法有两种:冷压法和热熔法。脂肪性基质的栓剂其制备可采用两种制法中的任一种,而水溶性基质的栓剂多采用热熔法制备。

水溶性基质与水溶性药物配伍时可采用直接溶解法;脂肪性基质与脂溶性药物配伍时可将药物直接溶解于基质中;与水溶性药物配伍时可用少量水溶解,用一定量羊毛脂吸收后与基质混匀;亦可在基质加入乳化剂制成 W/O 型乳化基质或制成 O/W 型乳化基质,吸收较多水溶液。难溶性药物一般先研成细粉混悬于基质中,在接近凝固点时灌模并注意不断搅拌。

为使栓剂容易脱模,在灌模前栓孔内应涂润滑剂。水溶性基质用油性润滑剂,如液体石蜡、植物油;脂肪性基质可用软皂、甘油各一份及95%乙醇五份混合而成的润滑液。有些基质不沾模,如可可豆脂、聚乙二醇类,可不涂润滑剂。

通常栓模容积是固定的,但栓剂的重量因基质与药物密度的不同而有所变化。为了正确确定基质用量以保证剂量准确,常需预测药物的置换价。置换价(VD)定义为主药的重量与同体积基质重量的比值。如阿司匹林与半合成脂肪酸酯的置换价为 0.63，即 0.63g 阿司匹林和 1g 半合成脂肪酸酯的体积相等。所以，置换价为药物的密度与基质密度之比值。当药物与基质的密度相差较大时，尤其需要测定其置换价。

五、实验仪器与材料

（1）仪器：栓模、蒸发皿、研钵、水浴锅。

（2）材料：甘油、干燥碳酸钠、硬脂酸、黄连、黄柏、黄芩、冰片、乙醇、半合成棕榈油酯、蛇床子、硼酸、葡萄糖、明胶。

六、实验内容

（一）甘油栓

【处方】
甘油	8ml
硬脂酸钠	1.8g
纯化水	1ml
制成肛门栓	6 枚

【制法】取甘油于烧杯中，置水浴上加热，温度保持在 90～100℃。加入研细的硬脂酸钠，边加边搅拌，待泡沫停止，溶液澄明，再加纯化水，搅拌均匀后，即可注入表面已用液体石蜡处理过的干净、干燥、预热的栓模中，放冷，削平，即得。

【样品图片】

图 14-1　甘油栓的制备——注模

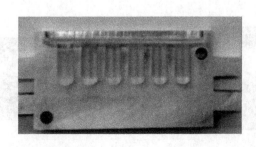

图 14-2　甘油栓的制备——脱模

图 14-3　甘油栓的制备——各种形态

【操作要点和注意事项】

（1）硬脂酸钠一定要完全溶解。溶解过程中产生的气泡一定要尽可能排除，否则会影响栓剂的外观，甚至内在质量。

（2）甘油栓制备时要加 1ml 水。应选择待泡沫停止、溶液澄明、温度稍降后加入，边加边搅。早加会造成水的挥发而失去意义；温度过高时加入会激起大量泡沫。同时应注意水不可加多，以免混浊。

（3）注模前应预热栓模至 80℃ 左右，注模后冷却应缓慢，如冷却过快，会影响产品的硬度、弹性、透明度。

（4）熔融的药液注入栓模时有三种方式：①扫描式；②点注式；③漫流式。若药液温度足够高，灌注速度足够快，三种方式效果相当。但在一般情况下，从均匀性角度应选择扫描式。

（5）甘油栓中含有大量甘油，与钠肥皂混合凝结成硬度适宜的块状，两者均具有轻泻作用。

（6）增加硬脂酸钠的含量，可以增加栓剂的硬度。

（7）若冷凝时间不足，可用冰块加速凝固。

（8）涂抹润滑剂的量应适宜，过多会导致栓剂凹陷；过少则脱模困难。

【用途】　适用于各种便秘，尤其适用于小儿及年老体弱者。

【用法用量】　每次肛门内塞 1 支，保留半小时后上厕所，效果较好。

（二）氧化锌栓

【处方】　
氧化锌　　　　1g
PEG400　　　 12g（5ml）
PEG4000　　　12g
共制成 6 枚

【制法】　称取 PEG400、PEG4000 于水浴加热至 80℃ 左右熔化，搅拌下加入氧化锌细粉，拌匀后迅速注入预热过的栓模，冷却后，削平，起模，然后吸去多余的润滑剂，即得。

【样品图片】

 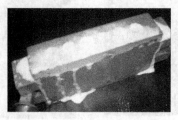 

图 14-4　氧化锌栓的制备——注模

图 14-5 氧化锌栓的制备——脱模

图 14-6 氧化锌栓的缺陷——顶凹

【操作要点和注意事项】
(1) 若冷凝时间不足，可用冰块加速凝固。
(2) 由于 PEG4000 本身有润滑性，氧化锌栓剂注模时可不加润滑剂。
(3) 为了保证药物与基质混匀，药物与熔化的基质应按等量混合法混合，但如基质量较少，天气较冷时，也可将药物加入熔化的基质中，充分搅匀。
(4) 氧化锌混悬如不均匀会导致栓剂分层。
(5) 灌模时应注意混合物的温度，温度太高混合物稠度小，栓剂易发生中空和顶端凹陷，故最好在混合物稠度较大时灌模，灌至模口稍有溢出为度，且要一次完成。灌好的模型应置适宜的温度下冷却一定时间，冷却的温度不足或时间短，常发生粘模；相反，冷却温度过低或时间过长，则又可产生栓剂破碎。
(6) 氧化锌有弱的收敛、抗菌作用，并能吸着皮肤及伤口渗出液，为皮肤保护剂。氧化锌应于干燥处保存，否则易因空气中二氧化碳的作用，生成碳酸锌而结成硬块，降低疗效。

【用途】 本品具有收敛、保护作用。用于肛门、肛周炎症、痔疮等。

（三）三黄栓

【处方】
黄连	1.4g
黄柏	1.4g
黄芩	1.4g
冰片	0.4g
乙醇	4g
半合成棕榈油酯	16.0g
制成肛门栓	6 枚

【制法】 将黄连、黄柏、黄芩混合粉碎过七号筛，混合均匀，得三黄粉。冰片用乙醇溶解。称取半合成棕榈油酯 16g 置蒸发皿中，于水浴上加热，搅拌至全熔；称取三黄粉 2.1g 撒入熔化的基质中，不断搅拌使药物均匀分散，停止加热。加入冰片乙醇液，缓慢搅拌。待此混合物达到一定黏稠状态时，灌入已涂有润滑剂的模型内，冷却后削去模口上溢出部分。启模，即得。

【操作要点和注意事项】
(1) 基质中加入三黄粉后应不断缓慢搅拌，待温度降到接近基质的凝固点附近再注模。
(2) 注好的栓模应在适宜的温度下冷却一定时间。冷却的温度偏高或时间太短，常发生粘模现象；冷却温度过低或时间过长，则又易产生栓剂破碎。

【用途】 用于痔疮，可有效改善痔疮患者出血、疼痛等症。

（四）蛇黄栓

【处方】
蛇床子　　　　　　0.6g
黄连　　　　　　　0.3g
硼酸　　　　　　　0.3g
葡萄糖　　　　　　0.3g
甘油　　　　　　　6.5g
明胶　　　　　　　6.5g
纯化水　　　　　　适量

【制法】 取蛇床子、黄连、硼酸、葡萄糖加 2～3ml 纯化水研成糊状。然后称取处方量的明胶，置称重的蒸发器中（连同使用的玻棒一起称重），加入相当明胶量 1.5～2 倍的纯化水浸泡，使明胶溶胀，于水浴上加热，缓慢搅拌使充分溶解。再加入甘油（称重），轻搅使之混匀，继续加热搅拌，使水分蒸发至净重约 15g。最后将上述蛇床子等糊状物加入，不断搅拌均匀，停止加热，缓慢搅拌。待混合物达到一定黏稠状态时，灌入已涂有润滑剂的模型内，冷却，削去模口溢出部分，脱模，即得。

【操作要点和注意事项】
(1) 明胶应完全溶胀后再加热溶解，否则，溶解时间会延长。
(2) 操作必须搅拌缓慢，不得剧烈搅拌，否则会产生无法去除的气泡，影响产品质量。
(3) 需控制甘油明胶基质中水分含量，必须蒸发至处方量，水量过多栓剂太软；相反水过少，栓剂太硬。

【功能与主治】 清热，燥湿，止痒。适用于妇女阴道炎引起的分泌物增多、有异味及外阴瘙痒。

【用法与用量】 外用，除去塑料外壳，取出药栓，拉出尾部棉线，送入阴道深处，棉线留于体外。每晚 1 粒，次日晨起拉出棉栓，连续用药一周。

（五）鞣酸栓——运用置换价制备

【处方】　鞣酸　　　　　　0.8g
　　　　　可可豆脂　　　　适量

【制法】
(1) 空白栓重量：取可可豆脂约 4g，置蒸发皿中水浴加热，维持温度在 30～36℃，至可可豆脂约有三分之二熔融时，立即取下蒸发皿，搅拌使全部熔融。注入涂有肥皂醑的栓模内，共注入 3 枚，凝固后出模，取出栓剂，称重，其平均值即为空白栓的重量，记为 W。

(2) 折算投料量：根据药物置换价的概念，计算可可豆脂的用量。鞣酸的置换价为 1.6，栓模大小为 W，为制得 4 枚栓剂，所用可可豆脂的量（G）按下式计算：

$$G = 4W - 0.2 \times 4 \div 1.6$$

(3) 制备：将计算量的可可豆脂置于小烧杯中，水浴加热近熔化时取下，加入鞣酸细粉，搅拌均匀，近凝固时注入已涂过润滑剂的栓模中用冰迅速冷却凝固，整理、启模、取出，即得。

【操作要点和注意事项】
制备鞣酸栓时，可可豆脂用水浴加热应严格控制温度，勿超过36℃，以免可可豆脂转变晶型，其熔点降低至23~25℃，不易凝固。鞣酸与可可豆脂搅拌均匀，放冷至凝固时，边搅拌边倾入栓模中，栓模应先冰冷，以便倾入后迅速凝固，避免药物沉积栓模底部。

【用途】 肛门栓剂。局部收敛止血，治疗痔疮。

七、质量要求和检验方法

（一）质量要求

(1) 外观。

(2) 重量差异。

(3) 融变时限。

(4) 置换价（f）：定义为主药的重量与同体积基质重量的比值。如碘仿的可可豆脂置换价为3.6，即3.6g碘仿与1g可可豆脂所占的容积相当。由此可见，置换价即为药物的密度与基质密度之比值。故只有当药物和基质的密度相差较大或严格限制栓剂的数量时应测定置换价。

$$f = 药物密度/基质密度$$

（二）检验方法

(1) 外观：栓剂的外观应完整光滑，并有适宜的硬度，无变形、发霉及变质等。

(2) 重量差异：取供试品栓剂10粒，精密称定总重量，求得平均粒重后，再分别精密称定各粒的重量。每粒重量与标示粒重相比较（凡无标示粒重应于平均粒重相比较），超出重量差异限度的药粒不得多于1粒，并不得超出限度一倍。栓剂的重量差异限度应符合表14-1规定。

(3) 融变时限：取栓剂3粒，在室温下放置1h后，照《中国药典》2005年版一部附录ⅫB规定的融变时限检查装置和方法检查（图14-7）。除另有规定外，脂肪性基质的栓剂3粒均应在30min内全部融化、软化和触压时无硬心；水溶性的基质栓剂3粒均应在60min内全部溶解。如有1粒不合格，应另取3粒复试，均应符合规定。见图14-8。

表14-1　栓剂的重量差异限度

平均重量	重量差异限度
1.0g以下至1.0g	±10%
1.0g以上至3.0g	±7.5%
3.0g以上	±5%

图14-7　融变时限仪

图14-8　栓剂的溶变情形

将实验和质量检查结果记录于表 14-2 中。

表 14-2 栓剂的质量检查结果

栓剂名称	实验结果/℃			质量检查结果			
	基质温度	注模温度	冷却熔融温度	外观	重量/g	重量差异	融变时限/min
甘油栓							
氧化锌栓							
三黄栓							
蛇黄栓							
鞣酸栓							

八、常见药用栓剂及其应用

1. 保妇康栓

【处方】 莪术油 82g，冰片 75g。

【功能与主治】 行气破瘀，生肌止痛。用于真菌性阴道炎，老年性阴道炎，宫颈糜烂。

【用法与用量】 洗净外阴部，套上指套将栓剂塞入阴道深部，或在医生指导下用药。每晚 1 粒。

【规格】 每粒重 1.74g（含莪术油 80mg）。

2. 复方小儿退热栓

【处方】 对乙酰氨基酚 15g，人工牛黄 0.5g，南板蓝根浸膏粉 5g。

【功能与主治】 解热镇痛，利咽解毒，祛痰定惊。用于小儿发热、上呼吸道感染、支气管炎、惊悸不安、咽喉肿痛及肺热痰多咳嗽等症。

【用法与用量】 直肠给药。一至三岁小儿一次 1 粒，一日 1 次，三至六岁小儿一次 1 粒，一日 2 次。

3. 聚维酮碘栓

【处方】 聚维酮碘 0.2g，辅料为聚乙二醇。

【功能与主治】 用于念珠菌性外阴阴道炎、细菌性阴道炎、混合感染性阴道炎及老年性阴道炎。

【用法与用量】 阴道给药。每晚睡前一次，每次 1 粒，7~10 日为一个疗程。

4. 双唑泰栓

【处方】 甲硝唑 200mg，克霉唑 160mg，醋酸氯己定 8mg，辅料为羊毛脂、石蜡、半合成脂肪酸甘油酯等。

【功能与主治】 用于细菌性阴道炎、真菌性阴道炎、滴虫性阴道炎以及混合感染性阴道炎。

【用法与用量】 阴道给药，睡前洗净双手，戴上指套，将本品送入阴道深处（后穹窿部），一次 1 枚，一日 1 次，连用 7 日为一个疗程，停药后第一次月经净后再重复一个疗程。

5. 麝香痔疮栓

【处方】 麝香酮，人工牛黄，珍珠，冰片，三七，五倍子，炉甘石，颠茄流浸膏，混合脂肪酸甘油酯。

【功能与主治】 清热解毒，消肿止痛，止血生肌。用于治疗痔疮肿痛出血。

【用法与用量】 早晚或大便后塞于肛门内，一次一粒，一日 2 次。

6. 紫花地丁甘油明胶栓

【处方】 紫花地丁浓缩液 6ml，甘油 6g，明胶 6g。
【功能与主治】 具有消炎作用，用于内痔及直肠炎。
【用法与用量】 塞入肛门，每次一粒，每日一次。

7. 复方醋酸氯己定栓

【处方】 醋酸洗必泰 0.1g，聚山梨酯-80 0.4g，冰片 0.02g，乙醇 1.0ml，甘油 12.0g，明胶 5.4g，纯化水 40ml。
【用途】 适用于细菌性阴道炎、外阴炎。
【用法与用量】 外用。用前洗净患部，拉出棉栓尾部的棉线，然后将药栓塞入阴道深部，棉线留置体外。每日 1 枚，连用 5 枚为一个疗程。

九、常见问题及思考

(1) 哪些药物可以选用甘油明胶基质，哪些药物不适于此基质？
(2) 甘油栓的制备原理是什么？操作注意点有哪些？
(3) 制备甘油栓的关键是什么？
(4) 中药栓剂与制备西药栓剂在制备时有何不同？
(5) 甘油栓制备时为何要加 1ml 水？何时加入？为什么？
(6) 所制得栓剂出现塌顶、凹陷、分层、变形、变色等情况的原因分别是什么？如何预防？
(7) 为什么氧化锌栓剂可以不用在栓模中涂抹润滑剂？
(8) 灌注药液时为何液面要高出栓模一些？

实验十五 膜剂的制备

一、相关背景知识

（1）膜剂是指药物溶解或分散于适宜的成膜材料或包裹于成膜材料隔室中，加工成型的单层或复合层膜状制剂。可供口服、口含、舌下给药，还用于眼结膜囊、鼻腔、阴道，也有用于体内植入，外用皮肤和黏膜创伤、炎症表面的覆盖。一些膜剂，尤其是鼻腔、皮肤用药的膜剂亦可起到全身的作用。目前我国正式投产的膜剂有 30 余种。

（2）成膜材料是膜剂成型的关键因素之一。常用的成膜材料有天然和合成的高分子材料。常用的天然高分子物质有虫胶、明胶、玉米朊、琼脂、海藻酸、阿拉伯胶、纤维素等，多数成膜、脱膜性较差，常与合成材料合用。合成高分子材料常用的有聚乙烯醇类、乙烯-醋酸乙烯衍生物、纤维素衍生物等。合成高分子材料成膜性好，目前最常用的成膜材料是聚乙烯醇（PVA），其所成的膜在强度、柔韧性、吸湿性、水溶性等方面均较理想。国内应用的多是 05-88 和 17-88 两种规格，平均聚合度分别为 $500\sim600$ 和 $1700\sim1800$。聚合度低，溶解度大，柔韧性差。聚合度高，溶解度小，而柔韧性好。二者以适当比例混合使用效果较好。PVA 为白色或淡黄色粉末或颗粒，其溶解过程需经有限溶胀和无限溶胀（溶解）等阶段，有限溶胀应充分，否则溶解需较长时间。

（3）膜剂除主药和成膜材料外，还需加入增塑剂（甘油、三醋酸甘油酯、山梨醇等）、填充剂（淀粉、碳酸钙、二氧化硅等）、着色剂（色素、二氧化钛）、遮光剂（二氧化钛）、矫味剂（蔗糖、甜叶菊糖苷等）、表面活性剂（吐温-80、十二烷基硫酸钠、大豆磷脂等）、脱膜剂（液状石蜡）等辅料。

膜剂的主要缺点是不适宜于剂量较大的一般药物，所以在品种的选择上受到限制。

二、预习要领

（1）膜剂的使用部位、使用方法和适用病症有哪些？你在日常生活中接触过哪种膜剂，一一列出来。

（2）你觉得膜剂与其他剂型相比，有什么特点？做一个总体评价。

（3）查找药典，列举一些膜剂，并写出处方组成、制备方法、质量检查项目及临床应用。

（4）本次实验查找相关资料，了解处方组成、制备工艺控制点和质量检查控制点。

（5）通过学习和了解，讲讲药厂生产膜剂的方法与实验室制备膜剂有什么不同？

（6）结合膜剂的质量要求，想想在制备膜剂时应注意什么，怎样才能制出理想的膜剂。

三、实验目的

（1）通过实验掌握涂膜法小批量制备膜剂的方法。

（2）对膜剂的特点、生产工艺、制备方法、质量控制等方面有一定的认识。

（3）会对制备的膜剂进行质量评价。

（4）会对膜剂制备过程出现的问题进行分析和解决。

四、实验原理

膜剂一般采用涂膜法制备方法。制备时，水溶性药物可与增塑剂、着色剂及表面活性剂一起溶于成膜材料的浆液中；若为难溶性或不溶性，则应粉碎成极细粉或制成微晶，与甘油或聚山梨酯-80 研匀后再分散于膜材料浆液。浆液可用加热或超声波脱气，而后应及时涂膜。取洁净的玻璃板或不锈钢板撒上少许滑石粉，用纱布擦净，或直接在洁净的玻璃板或不锈钢板上涂少许脱膜剂，然后将一定量的浆液倒上，用刮刀、玻棒或推杆刮平，涂成均匀的、规定厚度的薄层。低温通风干燥或晾干。

膜剂制备的基本工艺流程：成膜材料浆液的配制→加入药物、着色剂→脱气泡→涂膜→干燥→脱膜→质检→包装。

五、实验仪器与材料

(1) 仪器：天平、烧杯、量杯、玻棒、玻璃板、恒温水浴、烘箱、剪刀、锥形瓶。

(2) 材料：硝酸钾、聚乙烯醇 17-88 吐温-80、甘油、羧甲基纤维素钠、液体石蜡、养阴生肌散，75％和 85％的乙醇。

六、实验内容

（一）硝酸钾牙用膜

【处方】
硝酸钾	1.0g
聚乙烯醇 17-88	3.5g
吐温-80	0.2g（5滴）
甘油	0.5g（1ml）
乙醇	适量
液体石蜡	适量
纯化水	50ml

【制法】 取硝酸钾溶于水，称取聚乙烯醇 17-88，加 5~7 倍量的纯化水浸泡膨胀后移至水浴上加热，使全部溶解后，然后在搅拌下逐渐加入吐温-80、甘油、乙醇混匀；再将硝酸钾液加入制备好的混合液，搅拌均匀，放置过夜，除去气泡，在涂抹了液体石蜡的玻璃板上涂膜（面积 20cm×20cm）。80℃干燥 15min，脱膜，即得膜剂。

【样品图片】

图 15-1 硝酸钾牙用膜的制备——聚乙烯醇的浸泡和溶化　　图 15-2 硝酸钾牙用膜的制备——涂液体石蜡

【操作要点和注意事项】

（1）硝酸钾应完全溶解后再加入胶浆中混匀。

（2）制膜后应立即烘干，以免硝酸钾析出，造成药膜中有粗大结晶及药物含量不匀。

（3）应注意预防和消除气泡。搅拌应轻柔，且沿同一方向。

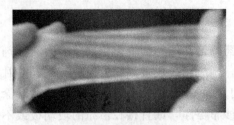

图15-3 硝酸钾牙用膜的制备——成膜

（4）液体石蜡不可涂太多。涂布时可以采用两块板贴紧，切向移动的方式，也可用手指以画圈的形式一次性抹平，或用纸刮平，一般不建议用玻璃棒涂抹。

（5）聚乙烯醇在水中溶解过程与亲水胶体相似，即经由与水亲和、湿润、渗透、膨胀和溶解等阶级。浸泡膨胀时间应充分，否则溶解不完全，需提前30~40min用冷水浸泡溶胀，溶解过程中适当搅拌和加热，最好不超过60℃。聚乙烯醇如溶解较慢，影响实验进程，可考虑先加入甘油和吐温以增加溶解并除气泡。

（6）药液涂布时最好边敲边涂，以使涂布均匀。

（7）硝酸钾应在PVA完全熔化溶解后加入。

（8）配料、涂膜和干燥的温度不宜过高，时间不宜过长。若配料时超过70℃，主药中聚氧乙烯基与水形成的氢键被拆开，使主药在膜料中混浊而不能均匀混合。若涂膜时温度过高，可造成膜中发泡，成膜和脱膜发生困难，膜还发脆，且因膜料中失水过度，膜料收缩，主药载量降低。

【用途】 本品为牙用脱敏剂，根据需要剪取适当大小。

（二）利福平眼用膜剂的制备

【处方】
利福平　　　　75mg
甘油　　　　　0.5g
PVA　　　　　4.0g
注射用水　　　25ml

【制法】 将PVA加甘油及注射用水，搅拌至均匀，待充分浸润膨胀后，在90℃水浴上加热至溶解，趁热用尼龙筛网过滤，于45℃保温，加入研成细粉的利福平混匀。静置除去气泡。将玻璃板预热至相同温度，将配好的药液在玻璃上涂成厚度约0.1mm，面积约250cm^{2}的薄膜，在70~80℃鼓风干燥10min后立即脱膜，放冷至室温，即得。

【用途与用法】 用于治疗沙眼，每次取一张药膜放入眼睛结膜囊内，每天1~2次。

【操作要点和注意事项】

（1）PVA溶解较慢，需提前40~60min浸泡溶胀。

（2）涂布药液的量决定药膜的厚度。一般每张板涂药液约8ml。

（3）保温静置时，要使膜料中空气逸尽，则涂膜时不得搅拌，否则成膜后，膜中形成气泡。

（4）成膜后要注意控制干燥温度和时间。干燥不足或干燥过度，均可发生脱膜困难。

（三）养阴生肌膜

【处方】
养阴生肌散　　　1g
PVA(17-88)　　　4g
甘油　　　　　　1ml

聚山梨酯-80　　　　　　　5滴
纯化水　　　　　　　　　50ml

【附注】　养阴生肌散处方：牛黄 0.62g，人工牛黄 0.15g，青黛 0.93g，龙胆末 0.62g，黄柏 0.62g，黄连 0.62g，煅石膏 3.13g，甘草 0.62g，冰片 0.62g，薄荷脑 0.62g

【制法】

（1）取 PVA 加入 85% 乙醇浸泡过夜，滤过，沥干，重复处理一次，倾出乙醇，将 PVA 于 60℃ 烘干，备用。称取上述 PVA 4g，置锥形瓶中，加纯化水 50ml，水浴上加热，使之熔化成胶液，补足水分，备用。

（2）称取养阴生肌散（过七号筛）1g 于研钵中研细，加甘油 1ml，聚山梨酯-80 5滴，继续研细，缓缓将 PVA 胶液加入，研匀，静置脱气泡后，供涂膜用。

（3）取玻璃板（5cm×20cm）5 块，洗净，干燥，用 75% 乙醇揩擦消毒，再涂擦少许液状石蜡。用吸管吸取上述药液 10ml，倒于玻璃板上，摊匀，水平晾至半干，于 60℃ 烘干。小心揭下药膜，封装于塑料袋中，即得。

【样品图片】

图 15-4　黄连素膜的制备——干燥成膜

图 15-5　黄连素膜的制备——成膜

【操作要点和注意事项】

（1）药材应过七号筛。涂抹前应充分研磨。

（2）本品制膜时可不用涂抹液体石蜡，但玻璃板应干净、干燥、平滑。

（3）每板约涂布药液 8ml。

（4）PVA 溶解较慢，可适当加热，但温度不宜超过 90℃，加热温度不能太高，加热时间不能过长，否则会有异味产生。PVA 溶解后应稍放冷再加入养阴生肌散，以免变色。

【用途】　清热解毒。用于湿热性口腔溃疡、复发性口腔溃疡及疱疹性口腔炎。

（四）溃疡药膜

【处方】
硫酸新霉素	0.1g
克霉唑	0.1g
盐酸达克罗宁	0.05g
冰片	1.0g
醋酸氢化可的松	12.5mg
山梨醇	0.5g

羧甲基纤维素钠　　　　　　　　　　0.6g
纯化水　　　　　　　　　　　　　　适量

【制法】山梨醇与羧甲基纤维素钠溶于180～185ml热纯化水中，其余药物研细过筛后加胶液中充分研磨混匀，倾注于涂有少量液体石蜡的玻璃板上或使成面积为20cm×40cm的薄膜，于80℃烘干，之后切成2cm×2cm的膜剂，密封塑料袋中备用。

【操作要点和注意事项】
(1) 羧甲基纤维素钠应先溶胀，加热溶解后要除掉气泡。
(2) 涂膜时不要在板上搅拌，应尽量使成平面，分布均匀。
(3) 膜的厚度可以用两头绕有塑料丝（其直径与膜的厚度一致）的玻璃棒刮平浆液来控制。

【作用】清热解毒。用于湿热性口腔溃疡、复发性口腔溃疡及疱疹性口腔炎。

七、质量要求和检验方法

(一) 质量要求

(1) 外观。
(2) 重量差异限度。
(3) 熔化时限。

(二) 检验方法

(1) 外观：膜剂外观应完整光洁，厚度一致，色泽均匀，无明显气泡。多剂量的膜剂分格压痕应均匀清晰，并能按压痕撕开。

(2) 重量差异限度：依《中国药典》2005年版二部附录ⅠM法检查。

取膜剂20片，精密称定总重量，求得平均重量后，再分别精密称定各片重量。每片重量与平均重量相比较，超出重量差异限度的膜片不得多于2片，并不得有1片超出限度1倍。膜剂的重量差异限度，应符合表15-1的规定。

表15-1　膜剂的重量差异限度

平均重量	重量差异限度/%
0.02g以下至0.02g	±15
0.02g以上至0.2g	±10
0.2g以上	±7.5

(3) 溶化时限：取药膜5片，分别用两层筛孔内径为2mm不锈钢夹住，按片剂崩解时限方法测定，应在15min内全部溶化，并通过筛网。

膜剂质量检查结果填入表15-2。

表15-2　膜剂质量检查结果

膜剂名称	外观	平均膜重	重量差异	溶化时间
利福平眼用膜剂				
利多卡因外用膜剂				
硝酸钾牙用膜剂				

八、常见药用膜剂及其应用

1. 口腔溃疡药膜

【处方】公丁香酊1ml，冰片0.5g，达克罗宁50mg，核黄素5mg，氢化可的松10mg，羧甲基纤维素钠 0.5g，淀粉 0.5g，聚山梨酯-80，0.5ml，甘油 0.5g，甜叶菊糖苷适量，纯化水 14ml。

【功能与主治】 消炎止痛。主要用于口腔溃疡、牙龈炎、牙周炎等。

【用法与用量】 外用，溃疡处贴一小块，一日 1~2 次。

2. 养阴生肌膜

【处方】 养阴生肌散 2g PVA（17-88）10g，甘油 1ml，聚山梨酯-80 5 滴，纯化水 50ml。

【功能与主治】 清热解毒。用于湿热性口腔溃疡、复发性口腔溃疡及疱疹性口腔炎。

【用法】 贴口腔患处。

【附注】 养阴生肌散处方：牛黄 0.62g，人工牛黄 0.15g，青黛 0.93g，龙胆末 0.62g，黄柏 0.62g，黄连 0.62g，煅石膏 3.13g，甘草 0.62g，冰片 0.62g，薄荷脑 0.62g

3. 硝酸甘油口含膜剂

【处方】 硝酸甘油 1g，PVA，（17-88）8.2g，甘油 0.5g，钛白粉 0.3g，聚山梨醇 80 0.5g，乙醇适量，纯化水适量。

【用途】 用于冠心病、心绞痛的治疗及预防，也可用于降低血压或治疗充血性心力衰竭。

【用法与用量】 贴敷于左前胸皮肤，一次一片，一日一次。切勿修剪贴膜，贴敷处避开毛发、疤痕、破损或易刺激处皮肤。每次贴敷需要更换部位以免引起刺激。

【规格】 10cm^2 含硝酸甘油 25mg。

4. 壬苯醇醚膜

【处方】 每片含主要成分壬苯醇 50mg，辅料为聚乙烯醇、甘油和防腐剂（尼泊金乙酯）。

【功能与主治】 女性外用短效避孕。

【用法与用量】 阴道内给药。于房事前 10min，取药膜一片，对折 2 次或揉成松软小团，以食指（或中指）将其推入阴道深处，10min 后可行房事。最大用量每次不超过 2 片。

5. 利多卡因外用膜

【处方】 利多卡因 4g，山梨醇 0.7g，PVA 4g，甘油 2.5g，注射用水加至 30ml。

【用途】 用于外科创伤及鼻腔、口腔黏膜表面，可产生持久局麻作用。

【用法与用量】 用于外科创伤及鼻腔、口腔黏膜表面，可产生持久的局麻作用，根据需要剪取适当大小。

九、常见问题及思考

(1) 为什么硝酸钾膜剂干燥后有的会有结晶的情况？

(2) 膜剂在应用上有何特点？

(3) 聚乙烯醇在使用前处理的原因是什么？

(4) 分析实验处方中各成分作用。

(5) 为什么多数小组的膜剂干燥后难以揭下？如何处理？

(6) 如果在膜剂制备过程中发现药液过稀，是否可以加入增稠剂？

(7) 膜剂制备中常见的问题汇总在表 15-3。

表 15-3　膜剂制备中常见问题与解决办法

常见问题	产生原因	解决办法
药膜不易剥离	(1)干燥温度太高 (2)模板不光洁 (3)未涂脱膜剂	(1)降低干燥温度 (2)更换或清洗模板 (3)涂脱膜剂
药膜表面有不均匀的气泡	(1)干燥开始时温度太高 (2)干燥速度过快	(1)降低开始时干燥温度,使之降低于溶剂的沸点 (2)缓慢升温,并通风
药膜"走油"	(1)油类的含量过高 (2)成膜材料不合适	(1)降低油类含量 (2)更换成膜材料 (3)将油性成分用少量吸收剂吸收后制膜
药粉自药膜上"脱落"	固体成分含量太高	(1)减少粉末含量 (2)增加增塑剂用量
药膜太脆或太软	(1)增塑剂太少或太多 (2)药物与成膜材料发生化学反应	(1)调整增塑剂用量 (2)更换成膜材料
药膜中有粗大颗粒	(1)未经过过滤 (2)药物自浆液中析出	(1)过滤浆液后再涂膜 (2)研磨促进药物溶解
药膜中药物含量不均匀	(1)浆液久置,药物沉淀 (2)不溶性药物粒子太大	(1)浆液搅拌均匀,排除气泡后,及时涂膜 (2)研成极细粉

实验十六　微囊的制备

一、相关背景知识

微囊是微型胶囊的简称，系利用高分子材料（囊材）作囊膜壁壳，将固体或液体药物（囊心物）包裹而成药库型微型胶囊。简称微囊。将药物制成微囊主要目的：① 掩盖药物的不良气味或口味；② 提高药物的稳定性；③ 防止药物在胃内被破坏或减少对胃的刺激；④ 使药物便于使用和贮存；⑤ 减少复方药物的配伍禁忌；⑥ 缓释或控释药物；使药物在靶区浓度较高。

微囊的质量、囊粒大小以及成囊过程的主要影响因素为所用囊材品种、胶液浓度、pH 值、制备温度及搅拌速度，固化剂的品种、用量及 pH 等，对囊膜的固化程度和强度亦有重要影响。

二、预习要领

(1) 凝聚法制备微囊的原理和操作注意点是什么？
(2) 影响微囊粒子大小的因素有哪些？
(3) 微囊的应用和特点。
(4) 复凝聚法制备微囊实验步骤是什么？

三、实验目的和要求

(1) 了解制备微囊的常用方法。
(2) 了解微囊形成条件及影响成囊的因素。
(3) 掌握复凝聚法制备微囊的基本原理和方法及操作注意事项。

四、实验原理

微囊的制法较多，可分为物理化学法、物理机械法和化学法三大类。以物理化学法中的单凝聚法和复凝聚法较常用，用于水中不溶性固体或液体制备微囊，操作比较简单。

复凝聚法原理是利用一些亲水胶体带有电荷的性质，当两种或两种以上带相反电荷的胶体溶液混合后，通过调 pH 值，使两种带相反电荷的亲水胶体溶液电荷中和，溶解度降低而产生凝聚。例如，阿拉伯胶带负电荷，在水溶液中不受 pH 值的影响。而 A 型明胶在等电点以上时也带负电荷，故两者并不发生凝聚现象。当 pH 值调节至 A 型明胶等电点（pH7～9）以下（pH 3.8～4.0）时，因明胶电荷全部转为正电荷，与带负电荷的阿拉伯胶相互凝聚。当溶液中存在药物时，则包在药物粒子周围形成微囊，此时囊膜较松软。然后加入纯化水稀释并降温。在降温过程中轻轻搅拌，以防微囊粘接。当温度降到胶凝点以下时，微囊逐渐硬化，再加入甲醛使囊膜变性固化。最后用 5% NaOH 溶液调节使 pH=8～9，有利于胺醛缩合反应进行完全。

单凝聚法的基本原理为：以一种高分子化合物为囊材，将药物分散在囊材的水溶液中，然后加入凝聚剂（强亲水性非电解质或强亲水性电解质），由于凝聚剂对水的强亲和性，使高分子水化膜内的水脱离，囊材溶解度降低，凝聚成含药的微囊。这种凝聚作用是可逆的，可以利用这种可逆性反复凝聚，直至制备出满意的微囊，再利用囊材的理化性质，使凝聚囊胶凝并固化，形成稳定的微囊。

五、实验仪器与材料

（1）仪器：乳钵、烧杯、水浴锅、抽滤装置、显微镜、组织捣碎机、电动搅拌器、pH计烘箱等。

（2）材料：明胶（A型）、阿拉伯胶、液状石蜡、甲醛溶液、醋酸、氢氧化钠、硫酸钠、精密 pH 试纸、淀粉、纯化水等。

六、实验内容与操作

（一）液体石蜡微囊（复凝聚法）

【处方】
液体石蜡	6ml
明胶	0.6g
10%HAC	适量
纯化水	适量
阿拉伯胶	2.0g
37%甲醛溶液	1.3ml
5%NaOH	适量

【制法】

（1）制备液体石蜡乳剂：将阿拉伯胶分次撒入液状石蜡中，研匀，加水 4ml，研磨至发出噼啪声，即成初乳（或取 4ml 纯化水置乳钵，加 2g 阿拉伯胶粉配成胶浆，再将 6ml 液体石蜡分次加入胶浆中，边加边研磨，研磨至发出噼啪声。成初乳）。在显微镜下观察乳化结果。加纯化水至 20ml，转入 250ml 烧杯中，置于 45℃ 恒温水浴中保温。

（2）制备明胶液：称取明胶 0.6g，用 20ml 纯化水浸泡变软后，于 45℃ 恒温水浴中不断搅拌使之完全溶解，保温。

（3）包囊：将明胶液加入液状石蜡乳剂中，不断搅拌，测定混合液的 pH 值，显微镜下观察是否成囊，记录结果。根据测得的混合液 pH，用醋酸调节 pH 为 3.9~4.1，不断搅拌，在显微镜下观察是否成囊，继续搅拌 5min，记录结果。

（4）囊膜固化：将上述微囊液中，加 37℃ 纯化水 80ml，自水浴中取出烧杯，不断搅拌，自然冷却，当温度降至 25~28℃ 时，放入冰浴，并向烧杯中加入冰块，使温度急速降至 5℃ 左右，加甲醛 1.3ml 搅拌 0.5~1h，用氢氧化钠溶液调节 pH 至 8.0~9.0，继续搅拌 30min，在显微镜下观察微囊情况，记录结果。

（5）过滤与干燥：将烧杯静置，抽滤，用纯化水洗涤至无甲醛气味，pH 呈近中性，抽干即得。

【样品图片】

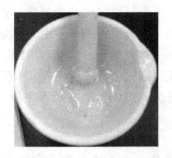

图 16-1　液体石蜡微囊膜的制备——乳化

【操作要点和注意事项】

（1）制备液状石蜡乳可采用干胶法或湿胶法。

（2）制备微囊时搅拌的速度要适中，太慢微囊粘连，太快微囊变形。

（3）用 10% 醋酸溶液调 pH 时，应逐渐滴入，特别是当接近 pH4 左右时更应小心，并随时取样在显微镜下观察微囊的形成。

（4）甲醛可使囊膜的明胶变性固化。甲醛用量的多少能影响明胶的变性温度，亦影响药物的释放快慢。

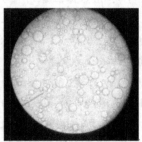

图 16-2　液体石蜡微囊膜的制备——成囊

（5）当降温接近凝固点时，微囊容易粘连，故应不断搅拌并用适量水稀释。

（6）将分离洗涤后的微囊，可置于 50℃ 以下干燥，以防室温或低温干燥粘连结块；或根据所需制成剂型的要求而定，如制成的是固体剂型，可加适量的辅料将其制成颗粒干燥后保存；如制成的是液体剂型，可暂时混悬于纯化水中保存。

（7）制备液状石蜡乳时，可在研钵中采用研磨法制备，亦可将阿拉伯胶用纯化水溶解，加液状石蜡，于乳匀机中快速搅拌制备。

【用途】　轻泻剂。用于治疗便秘，特别适用于高血压、动脉瘤、疝气、痔及手术后便秘的病人，可以减轻排便的痛苦。

（二）**液状石蜡微囊**（单凝聚法）

【处方】

液状石蜡	2g
明胶	2g
10%醋酸溶液	适量
60%硫酸钠溶液	适量
36%甲醛溶液	3ml
纯化水	适量

【制法】

（1）制备液状石蜡乳：同前。

（2）制备明胶溶液：同前。

（3）制备微囊：将上述乳剂置烧杯中，于恒温水浴内，使乳剂温度为 50～55℃，量取一定体积的 60% 硫酸钠溶液，在搅拌下滴入乳剂中，至显微镜下观察已成微囊为度，由所用硫酸钠体积，立即计算体系中硫酸钠的浓度。另配制成硫酸钠稀释液，浓度为体系中浓度加1.5%，体积为成囊溶液3倍以上，液温15℃，倾入搅拌的体系中，囊分散，静置待微囊沉降完全，倾去上清液，用硫酸钠稀释液洗2~3次。然后将微囊混悬于硫酸钠稀释液300ml中，加入甲醛溶液，搅拌15min，再用20%氢氧化钠溶液调节pH至8~9，继续搅拌1h，静置待微囊沉降完全。倾去上清液，微囊过滤，用纯化水洗至无甲醛气味（或用Schiff试剂试至不显色），抽干，即得。

【操作要点和注意事项】

(1) 液状石蜡乳的乳化剂为明胶，乳化力不强，亦可将液状石蜡与明胶溶液60ml，用乳匀器或组织捣碎器乳化1~2min，即制得均匀乳剂。

(2) 60%硫酸钠溶液，由于其浓度较高，温度低时，很易析出晶体，故应配制后加盖放置于约50℃保温备用（硫酸钠是含10分子结晶水的晶体）。

(3) 凝聚成囊后，在不停止搅拌的条件下，立即计算硫酸钠稀释液的浓度。稀释液用量为体系的3倍多，液温15℃，可保持成囊时的囊形。若稀释液的浓度过高或过低时，可使囊粘结成团或溶解。

(4) 成囊后加入稀释液，稀释后，再用稀释液反复洗时，只需倾去上清液，不必过滤，目的是除去未凝聚完全的明胶，以免加入固化剂时交联形成胶状物。固化后的微囊可过滤抽干，然后加入辅料制成颗粒，或可混悬于纯化水中放置，备用。

(5) 囊心物为难溶性液体药物或固体药物，制药不与固化剂起化学反应的，均可按上述处方的操作适当调整即可制成微囊。

（三）薄荷油微囊

【处方】
薄荷油	1.0g
明胶（A型）	2.5g
阿拉伯胶	2.5g
37%甲醛	1.25ml
10%醋酸	适量
20%氢氧化钠液	适量
3%硬脂酸镁	适量
纯化水	适量

【制法】 取阿拉伯胶2.5g，使溶于50ml纯化水中（60℃），加薄荷油1.0g于组织捣碎机中乳化1min。将之转入500ml烧杯并放入50℃恒温水浴锅中。另取明胶2.5g，使溶于60℃50ml纯化水中。将明胶液在搅拌下加入上述乳浊液中，用10%的醋酸调pH4.1左右，显微镜下观察见到油珠外层有一层薄薄的膜，即已成囊（此时囊形并不圆整，大小不一）。加入纯化水200ml（温度应不低于30℃），不断搅拌直到10℃以下。加入37%甲醛1.25ml（以纯化水1.25ml稀释），搅拌15min，用20%氢氧化钠液调pH8~9，继续搅拌冷却半小时，除去悬浮的泡沫，滤过，用水洗涤至无甲醛臭，pH中性即可。抽滤，加3%硬脂酸镁制粒，过一号筛，于50℃烘干，即得。

【操作要点和注意事项】

(1) 薄荷油制成微囊，不仅可起到防挥发的作用，而且使液态的薄荷油固态化，利于应用。

(2) 微囊大小应符合其充当原料的有关剂型的规定，大小的测定可采用带目镜测微仪的光学显微镜，也可采用库尔特计数器测定。

(3) 为了准确得知所制备的微囊的量，实验中在固化、洗涤后加入辅料制粒。

(4) 制备时，为防止凝聚囊粘连成团或溶解，稀释温度应控制在 30～40℃。

(5) 根据生产方法的不同，明胶有 A 型和 B 型之分，A 型明胶的等电点为 pH7～9，B 型明胶的等电点为 pH4.8～5.2。制备微囊所用明胶为 A 型。

【作用与用途】 芳香药，调味及驱风药。根据需要可用作其他制剂的原料。

（四）扑热息痛明胶单凝聚微囊

【处方】

对乙酰氨基酚（扑热息痛）	2g
明胶	2g
盐酸溶液（10%）	适量
硫酸钠溶液（60%）	适量
甲醛溶液（37%）	3ml
氢氧化钠溶液（20%）	适量
纯化水	适量

【制法】

(1) 混悬液制备：取明胶，用 40ml 水溶解，另称取扑热息痛于乳钵中，以明胶液加液研磨，尽量使混悬液颗粒细小、均匀。显微镜下观察混悬颗粒并记录。

(2) 成囊：将扑热息痛混悬液转入 500ml 烧杯中，加适量水使总量为 60ml，用 10% 盐酸溶液调 pH 为 3.5～3.8，于 50℃±恒温搅拌，滴加 60% 硫酸钠溶液适量，至显微镜下观察到微囊形成并绘图，记录所需硫酸钠溶液体积，冲入计算浓度（较成囊浓度大 1.5%）的硫酸钠溶液 300ml，搅拌使分散。

(3) 固化：将上述微囊混悬液静置，使冷却至 15℃±2℃，倾去上清液，并用计算浓度硫酸钠溶液适量倾洗两次，搅拌下加入 37% 甲醛溶液及 20% 氢氧化钠溶液适量，使 pH 为 8～9，用纯化水洗至无甲醛味，抽滤，低温干燥，即得。

【操作要点和注意事项】

(1) 本实验所需水均为纯化水，以免干扰凝聚。

(2) 60% 硫酸钠溶液，由于其浓度较高，温度低时，很易析出结晶，故应配制后加盖放置于约 50℃保温备用。

(3) 凝聚成囊后，在不停止搅拌的条件下，立即计算硫酸钠稀释液的浓度。若硫酸钠凝聚剂用去 21ml，混悬液中纯化水为 60ml，体系中硫酸钠的浓度为 $[(60\% \times 21ml)/81ml] \times 100\% = 15.6\%$，该浓度再增加 1.5%，即以 $(15.6\% + 1.5\% =)17.1\%$ 的硫酸钠溶液为稀释液，用量为体系的 3 倍多（300ml），液温 15℃，可保持成囊时的囊形。若稀释液的浓度过高或过低时，可使囊黏结成团或溶解。

(4) 成囊后加入稀释液，在用稀释液反复洗时，只需要倾去上清液，不必过滤，目的是除去未凝聚完全的明胶，以免加入固化剂时明胶交联形成胶状物。固化后的微囊可过滤抽干，然后加入辅料制成颗粒，或可混悬于纯化水中放置，备用。

(5) 囊心物为难溶性液体药物或固体药物，只要不与固化剂起化学反应的，均可按上述处方与操作适当调整即可制成微囊。

【作用与用途】 用于感冒发热、关节痛、神经痛及偏头痛、癌性痛及术后止痛。尤其阿司匹林不耐受或过敏者。

七、微囊剂的质量要求

1. 性状

微囊应为大小均匀的球状实体、光滑球形膜壳或卵圆形，不粘连，分散性好。可用校正过的带目镜测微仪的光学显微镜观察和测定，也可用库尔特计数器测定微囊大小与粒度分布。

2. 检查

（1）包封率：照现行《中国药典》（二部）附录 XI X E 项下方法检查，不得低于80%；突释效应在开始 0.5h 内的释放量应低于 40%。

（2）溶出度：照现行《中国药典》（二部）附录 X C 项下方法检查。量取规定量经脱气处理的溶剂，注入每一个测定容器内，加热使溶剂温度保持在 $37℃±0.5℃$，调整转速使其稳定，取微囊试样置于薄膜透析管内，然后进行测定。

表 16-1　微囊的粒径检查结果　　　（总个数＿＿＿＿）

微囊直径/μm	<10	10~20	20~30	30~40	40~50	50~60	60~70	70~80	>80
数量/个									
比例/%									

八、常见药用微囊剂及其应用

1. 鱼肝油明胶——阿拉伯胶复凝聚微囊

【处方】　鱼肝油 1.8g，阿拉伯胶 1.8g，明胶 1.8g，醋酸溶液（10%）适量，甲醛溶液（37%）3ml，氢氧化钠溶液（20%）适量，纯化水适量。

【用途】　治疗佝偻病和夜盲症；治疗小儿手足抽搐症；预防和治疗维生素 AD 缺乏症。

【用法与用量】　口服。一次 2~10ml，一日 3 次。

2. 微囊复方甲地孕酮避孕针

【处方】　甲孕酮 25mg 环戊丙酸雌二醇 5mg，辅料。

【用途】　长效避孕药。可减少甲孕酮单用时闭经等发生率，控制好月经周期。主要能抑制排卵，并影响宫颈黏液稠度和抑制子宫内膜发育。

【用法与用量】　肌注：于月经第 5 日肌注 1 支，每月 1 次。

3. 维生素 B_1 微囊

【处方】　维生素 B_1 辅料。

【用途】　食品营养强化剂，应用于各种需要补充和强化维生素 B_1 的食品中。

【用法与用量】　视剂折算加入。

九、常见问题及思考

（1）试述单凝聚和复凝聚法制备微囊的机理及操作关键。

（2）试述复凝聚法制备微囊时两次调 pH、加甲醛、加水稀释、搅拌的目的。

（3）微囊的大小、形状与哪些因素有关？

（4）复凝聚法制备微囊时，选择什么样的明胶，怎样选择，为什么？

（5）单凝聚法制备微囊时，以明胶为囊材，稀释液的浓度为什么比成囊体系的浓度大？

（6）单凝聚法与复凝聚法制备微囊的关键各是什么？

实验十七 环糊精包合物的制备

一、相关背景知识

包合物又称"分子胶囊",是由一种形状和大小适宜的小分子(通称客分子),全部或部分嵌入一定形状的大分子(通称主分子)的空穴内形成的。如果客分子太小,则不能形成稳定的包合物,如果太大也难以嵌入主分子的空穴内,另外客分子的几何形状也有一定的影响。

包合物形成的机理,包括分散力、偶极子间引力、氢键、疏水键、静电吸引力等一种或多种分子之间的作用力。

药物制成包合物后,可增加药物的溶解度与溶出速度,增加药物的稳定性,提高药物的生物利用度,减少刺激性等副作用,掩盖异味、臭气、挥发性以及改变药物的物理状态,具有缓解作用。

符合下列条件之一的有机药物,通常都可以与环糊精包合成包合物:药物结构中的原子数大于5个且药物的稠环小于5个;药物相对分子质量在100~400;药物在水中的溶解度小于10mg/ml;药物的熔点低于250℃。

也有药物符合条件而不能与环糊精包合的,如几何形状不适合,也有因环糊精用量不合适而不能包合的。无机药物大多数不宜与环糊精包合。

二、预习要领

(1) 什么是包合物?为什么要将药物做成包合物?
(2) 如何验证包合物是否制备成功?
(3) 制备包合物的关键操作有哪些?

三、实验目的

(1) 掌握饱和水溶液法制备包合物的工艺。
(2) 掌握包合物形成的验证方法。

四、实验原理

环糊精包合物制备方法很多,有饱和水溶液法、研磨法、喷雾干燥法、冷冻干燥法以及中和法等,其中以饱和水溶液法(亦称重结晶法或共沉淀法)为最常用。

主分子为β-环糊精,其空穴大小适中(即700~800pm),且在水中的溶解度随温度升高而加大,当20℃、40℃、60℃、80℃以及100℃时,溶解度分别为1.85g/ml、3.7g/ml、8.0g/ml、18.3g/ml以及25.6g/ml。采用饱和水溶液法,即主分子为饱和水溶液与客分子包合作用完成后,可降低温度,客分子进入主分子空穴中,以分子间力相连接成的包合物可从水中析出。

五、实验仪器及材料

(1) 仪器:挥发油提取器、天平、烧杯、量筒、量杯、药匙、玻棒、水浴加热装置、温度计、薄层层析装置（铺板器、玻璃层析板、层析槽等）、干燥器、滤器、显微镜。

(2) 材料：β-环糊精、陈皮、薄荷油、硅胶 G、羧甲基纤维素钠、乙醇、纯化水、1%香荚兰醛硫酸液、30%硫酸乙醇溶液、正丁烷、氯仿。

六、实验内容

（一）陈皮挥发油-β-环糊精包合物

【处方】
	陈皮	120g
	β-环糊精	16g
	无水乙醇	适量
	纯化水	适量
	无水硫酸钠	适量

【制法】

(1) 陈皮挥发油的制备：取陈皮粉碎成中等粉末 120g，加入 10 倍量的纯化水，经挥发油提取器提取 2.5h，得淡黄混浊液体，用无水硫酸钠脱水后，得淡黄色油状澄明液体，即陈皮挥发油，备用。

(2) 陈皮挥发油乙醇溶液的制备：量取陈皮挥发油 2ml（约 1.75g）加无水乙醇 10ml，溶解，即得，备用。

(3) β-环糊精饱和水溶液的制备：称取 β-环糊精 16g，加纯化水 200ml，在 60℃制成饱和水溶液，保温，备用。

(4) 陈皮挥发油-β-环糊精包合物的制备：分别量取陈皮挥发油乙醇溶液与 β-环糊精饱和水溶液 10ml 与 200ml，将 β-环糊精饱和水溶液置 500ml 烧杯中，60℃恒温搅拌，将陈皮挥发油乙醇溶液缓缓滴入搅拌的饱和水溶液中，待出现混浊逐渐有白色沉淀析出，继续搅拌 1h 后，取出烧杯，再继续搅拌至室温，最后用冰浴冷却，待沉淀析出完全后，抽滤至干，50℃以下干燥，称重，计算收得率。

【操作要点和注意事项】

(1) 自制陈皮挥发油一定要脱水，才能得到澄明油状液体。

(2) β-环糊精饱和水溶液要保温于 60℃，否则不能得到澄清水溶液。

(3) 包合物制备过程中，包合温度应控制在 60℃±1℃，搅拌时间应充分，否则可影响收率。

（二）薄荷油-β-环糊精包合物

【处方】
	薄荷油	1ml（28 滴）
	β-环糊精	4g
	无水乙醇	5ml
	纯化水	50ml

【制法】称取 β-环糊精 4g，置 100ml 带塞锥形瓶中，加入 50ml 纯化水，加热溶解，降温至 50℃，滴加入薄荷油 1ml，50℃恒温搅拌 2.5h，冷却，有白色沉淀析出，沉淀完全后过滤。用无水乙醇 5ml 洗涤 3 次，至沉淀表面近无油渍为止。将包合物置干燥器中干燥，称重，计算收得率。

【操作要点和注意事项】

(1) β-环糊精分子结构中的环筒内径大小适宜，且已形成工业化生产规模，因此 β-环糊精常用作包合药物的主分子。对 β-环糊精进行结构修饰后，可以制备多种不同性质的 β-环糊精衍生物，以它们为主分子，可以制得不同理化性质与生物特性的包合物，从而扩大包合物应用范围。

(2) 薄荷油制成包合物后，可减少贮存中油的散失，即在一定温度下将β-环糊精加适量水制成饱和水溶液，与客分子药物搅拌混合一定时间后，通过适宜的方法，使包合物沉淀析出，滤取即得。实验中包合温度、主客分子配比、搅拌时间等因素都会影响包合率，应按实验内容的要求进行操作。难溶于水的药物也可用少量有机溶剂如乙醇、丙酮等溶解后加入。通过冷藏，可使β-环糊精包合物溶解度下降而析出沉淀。

(3) 本实验采用的是包合水溶液法（或称共沉淀法）制备包合物。薄荷油在水中的溶解度约为1.79%（25℃），但温度升高至45℃时其溶解度可增至3.1%。因此，此实验的成败取决于温度的控制。

(4) 包合率与环糊精的种类有关，也跟药物-环糊精配比量、包合时间、沉淀质量等因素有关。

(三) 丹皮酚β-环糊精包合物

【处方】 丹皮酚   适量
         β-环糊精   适量
         异丙醇溶液   适量

【制法】 取一定量的β-环糊精和丹皮酚（13∶1，质量分数），加于β-环糊精等量的35%异丙醇（体积分数）溶液，全溶后放在超声池中30℃超声15min，取出至冰箱冷藏，过滤，50℃吹风干燥3h，即得。

七、质量检查和质量评价

1. 薄层色谱分析（TLC）——陈皮挥发油-β-环糊精、薄荷油-β-环糊精包合物

(1) 硅胶G板的制作：按硅胶G-0.3%羧甲基纤维素钠水溶液1∶3（g∶ml）的比例，调匀，铺板，110℃活化1h，备用。

(2) 样品的制备 陈皮挥发油乙醇溶液为样品a；陈皮挥发油-β-环糊精包合物用无水乙醇适量，振摇，取上清液为样品b；包合物经挥发油提取器提取包合物中陈皮挥发油，且经无水硫酸钠脱水后的淡黄色澄明油状液体为样品c（此油量可用于计算包合物中含油率），用无水乙醇配成样品a的浓度。

薄荷油-β-环糊精包合物0.5g，加95%乙醇2ml溶解，过滤，滤液为样品a；薄荷油2滴，加入95%乙醇2ml溶解为样品b。

(3) TLC条件

① 陈皮挥发油-β-环糊精包合物：取样品a、b及c分别约10μl，点于同一硅胶G板上，用正丁烷-氯仿（40∶1）为展开剂，展开前将板置展开槽中饱和10min，上行展开，展距15cm，5%香荚兰醛浓硫酸液为显色剂，喷雾烘干显色。

② 薄荷油-β-环糊精包合物：取样品a和b点于同一硅胶板上，含15%石油醚的乙酸乙酯（体积分数）为展开剂，展开前将薄层板置展开槽中饱和5min，斜行展开，以1%香荚兰醛硫酸液（体积分数）为显色剂，喷雾烘干显色。

2. 显微观察——丹皮酚β-环糊精包合物

将β-环糊精按上述实验方法制成不含药物的空白包合物。取空白包合物及丹皮酚包合物各少许，分别置10×3.3倍显微镜下观察。记录结果。（提示：空白包合物为规则的板状结

晶，丹皮酚 β-环糊精包合物为不规则的粉末）

3. 包合鉴别反应——丹皮酚 β-环糊精包合物的 $FeCl_3$ 试剂反应

先将丹皮酚、β-环糊精和他们的包合物，以及丹皮酚与 β-环糊精的物理混合物分别于荧光灯下观察荧光，然后观察与 $FeCl_3$ 试剂反应，再在荧光灯下观察，记录结果。

4. 包合物参数的测定

通过计算包合物的含药量、含油率、收率等包合物参数，评价包合质量。

(1) 含油率（%）=包合物中实际含油量（g）×100%/包合物量（g）

(2) 含药量（%）=包合物中实际含药量（g）×100%/药物量（g）

(3) 包合物收率（%）=包合物实际重量（g）×100%/[β环糊精（g）+药物量（g）]

八、常见药用包合物及其应用

1. β-环糊精吡罗昔康片

【处方】 吡罗昔康 10mg，β-环糊精，辅料。

【用途】 用于急性疼痛症：急慢性牙周炎、牙周肿痛、拔牙术后疼痛。

【用法与用量】 饭后口服。成人用量：一日 1 次，一次一片。

【包合物的功能】 改善了吡罗昔康的溶解度，使之更易溶于水。同时，包合物具有更低的气味、更强的稳定性、更平稳的药物释放速度。

2. 苯丙醇环糊精包合物

【处方】 苯丙醇（利胆醇）25mg，β-环糊精，辅料。

【用途】 本品为胆汁分泌促进剂。用于胆囊炎，胆道感染，胆石症，胆道手术后综合征及慢性肝炎的辅助治疗。用于胆石症患者可使疼痛减轻或消失，黄疸减退。

【包合物的功能】 液体药物固体化、提高生物利用度（与软胶囊比）。

3. 维生素 D-3-β-环糊精包合物

【处方】 维生素 D，3-β-环糊精，辅料。

【用途】 用于预防和治疗维生素 D 缺乏症，如佝偻病。具有促进小肠对钙吸收的作用，可作为缺钙患者的辅助用药。

【用法与用量】 口服。成人与儿童一日 1~2 粒。

【包合物的功能】 有利于提高溶解度和稳定性。

九、常见问题及思考

(1) 制备包合物的关键是什么？应如何进行控制？

(2) 本实验为什么选用 β-环糊精为主分子？它有什么特点？

(3) 除 TLC 与 DTA（或 DSC）可以证明形成了包合物以外，还有哪些方法可用于检验？

(4) 分子胶囊跟硬胶囊、软胶囊有何区别与联系？

(5) 什么样的药物适合于制成包合物？β-环糊精包合物对于药物的结构和性质有哪些要求？

实验十八　滴眼剂的制备

一、相关背景知识

滴眼剂系指一种或多种药物制成的供治疗、诊断、预防眼部疾病，以滴眼或洗眼形式使用的澄明溶液、均匀混悬液或乳液，也包括眼内注射溶液。

人的眼睛正常泪液容量约 $7\mu l$，若不眨眼，对液体的总容量约 $30\mu l$，而一滴滴眼液 $50\sim75\mu l$，眨眼时 90% 的药液会损失。一般滴眼液的剂量较小，需多次给药。眼睛是娇嫩的器官，在制备过程中要通过工艺和配方选择调整好 pH 值、渗透压、黏度、细菌、表面张力等指标。

滴眼剂一般应在无菌环境下配制，眼部有无外伤是滴眼剂无菌要求严格程度的界限；用于外科手术、供角膜创伤用的滴眼剂及眼内注射溶液要求绝对无菌、且不得加抑菌剂与抗氧剂，且需采用单剂量包装；一般滴眼剂要求无致病菌，尤其不得有铜绿假单胞菌和金黄色葡萄球菌，可根据需要加入抑菌剂。

二、预习要领

(1) 常见的眼部用药物剂型有哪几种？其特点是什么？使用时应注意些什么？
(2) 滴眼剂跟注射剂的关系怎样？其质量要求与普通的液体药剂有什么不同？
(3) 在制备过程中，滴眼剂有哪些特殊的要求？
(4) 滴眼剂的处方组成有何特点？为什么？

三、实验目的

(1) 了解无菌操作法在滴眼剂生产中的应用，掌握净化工作台的使用。。
(2) 掌握一般滴眼剂的特点和配制方法。
(3) 掌握无菌制剂渗透压的调节方法。

四、实验原理

(1) 滴眼剂是无菌制剂，一般在无菌环境下配制。各种用具、容器、管道都应用适当方法清洗干净并灭菌，在操作过程中也应注意避免污染。眼部见血、见肉、手术、外伤情况下的疾患所用滴眼剂应绝对无菌。
(2) 滴眼剂最好与泪液等渗。相当于 0.5%～1.5% 的氯化钠溶液的渗透压。
(3) 滴眼剂要调节 pH。一般 pH 为 5.5～7.8，人的眼睛能耐受 pH 为 5.0～9.0。
(4) 滴眼剂可为单剂量和多剂量包装。前者适于眼睛有外伤或手术的情况使用，后者为日常家用常见。
(5) 滴眼剂如为混悬液，其颗粒应该大小相近，用前振摇均匀，最大颗粒不得超过 $50\mu m$。
(6) 由于眼睛对机械性杂质特别敏感，药液需用垂熔玻璃滤器或微孔滤膜过滤，以除去微粒和细菌。

五、实验仪器及材料

(1) 仪器：3 号和 4 号垂熔玻璃漏斗、灌注器、天平、烧杯、量筒、药匙、玻棒、水浴加热装置、温度计、滴眼剂小瓶、眼药管、帽、套、布氏漏斗、200目标准尼龙筛。

（2）材料：氯霉素、氯化钠、尼泊金甲酯、尼泊金丙酯、硫酸钠、注射用水、硫酸庆大霉素、对羟基甲酸乙酯。

六、实验内容

（一）氯霉素滴眼液

【处方】
氯霉素	0.25g
氯化钠	0.9g
尼泊金甲酯	0.023g
尼泊金丙酯	0.011g
注射用水	加至100ml

【制法】 称注射用水适量加热至沸，加入尼泊金甲酯、尼泊金丙酯溶解。待冷至约60℃，加入氯霉素、氯化钠搅拌使溶，加注射用水至100ml。用4号垂熔玻璃漏斗过滤，100℃ 30min灭菌，检查澄明度合格后，搅匀、分装、封口即得。

【用途】 用于治疗沙眼、急性或慢性结膜炎、眼睑缘炎、角膜溃疡、麦粒肿、结核性结膜炎等。

【操作要点和注意事项】

（1）氯霉素在水中的溶解度较低（1:400），其水溶液在中性或弱酸性时较稳定，本品选用硼酸、硼砂组成缓冲对，可增加氯霉素的溶解度，同时调整pH值使氯霉素滴眼液保持稳定。成品的pH值约为7。

（2）氯霉素滴眼剂在贮藏过程中，效价常逐渐降低，故配液时适当提高投料量，使在有效贮藏期间，效价能保持在规定含量以内。

（3）氯霉素对热稳定，配液时可以适当加热以加快溶解。可以用100℃流通蒸汽灭菌，也可用尼泊金类抑菌剂。

（4）处方中氯化钠为等渗调节剂，尼泊金甲酯和尼泊金丙酯为抑菌剂。也可采用硼砂和硼酸做缓冲剂并调节渗透压，同时可增加氯霉素的溶解度，但此处方不如用生理盐水为溶剂者稳定且刺激性小。

（二）醋酸可的松滴眼液（混悬液）

【处方】
醋酸可的松（微晶）	0.5g
吐温-80	0.08g
硼酸	2.0g
硝酸苯汞	0.002g
羧甲基纤维素钠	0.2g
注射用水	适量至100ml

【制法】 取硝酸苯汞溶解于处方量约50%的注射用水中，加热至40~50℃，加入硼酸、吐温-80使溶解，用3号垂熔玻璃漏斗过滤，待用。另取羧甲基纤维素钠溶于处方量约30%的注射用水中，用垫有200目标准尼龙筛的布氏漏斗过滤，加热至80~90℃，加醋酸可的松微晶搅拌均匀，保温30min，放冷至40~50℃，再与硝酸苯汞等溶液合并，加注射用水至足量，用200目标准尼龙筛过滤两次，分装，封口，100℃流通蒸气灭菌30min，即得。

【用途】 用于治疗急性和亚急性虹膜炎、交感性眼炎、小泡性角膜炎等。

【操作要点和注意事项】

（1）硼酸为 pH 值调节剂，本品 pH 值为 4.5～7.0；硼酸也做等渗调节剂，本品不能选用氯化钠，因为氯化钠能使羧甲基纤维素钠黏度显著降低，出现结块，硼酸不仅不会影响滴眼剂的黏度，还能减轻药液对眼睛黏膜的刺激性。

（2）羧甲基纤维素钠为增稠剂和助悬剂。可以保证混悬剂的物理稳定性，并可延迟药物的释放，防止药物随泪液流失。

（3）制备时应避免结块。可在灭菌过程中振摇或采用旋转无菌设备，灭菌前要检查有无结块。

（4）醋酸可的松微晶最好控制在 5～20μm，过粗会产生刺激性，甚至损伤角膜，降低疗效。

（三）硫酸锌滴眼剂

【处方】
硫酸锌　　　　0.5g
硼酸　　　　　0.88g
甘油　　　　　1.32g
注射用水　　　适量至 100ml

【制法】　在无菌操作柜中，一切按要求准备，将硼酸溶于注射用水中，加入硫酸锌溶解后，加入甘油及注射用水至全量，过滤澄明后，无菌分装。

【操作要点和注意事项】

（1）硫酸锌液极易水解，本品加硼酸使溶液呈微酸性以保持稳定，可避免产生沉淀。

（2）实验中溶液若采用 0.22μm 的微孔滤膜（滤器先处理并灭菌）过滤，药液可不再灭菌，可直接分装于已灭菌的滴眼瓶中。

（3）滴眼瓶用中性硬质玻璃瓶，以免溶液受瓶壁游离碱的影响。洗涤滴眼瓶时，用 0.27mol/L 盐酸溶液洗一次，再用蒸馏水洗涤以除去碱性，降低 pH，防止产生白点。

七、质量检查

（1）澄明度：一般滴眼剂的澄明度要求略低于注射剂。玻璃容器的滴眼剂溶液按注射剂的澄明度检查方法检查，但有色玻璃或塑料容器的滴眼剂应在照度为 3000～5000lx 下检视，溶液应澄明。混悬液型滴眼剂应进行药物颗粒细度检查，含 15μm 以下的颗粒不得少于 90%，50μm 以上的颗粒不得多于 10%。

（2）pH：5.0～9.0。pH 小于 5.0 或大于 11.4 会有明显刺激性。

（3）黏度：4.0～5.0 cPa·s。

（4）渗透压：相当于 0.6%～1.5% 氯化钠溶液。超过 2% 即有明显不适。

（5）无菌：眼部见血、见肉、手术、外伤情况下的疾患所用滴眼剂应绝对无菌；其他滴眼剂，要求不含致病菌即可。

表 18-1　滴眼剂质量检查结果

滴眼剂	pH	黏度	渗透压	澄明度	无菌要求和状况
氯霉素滴眼液					
醋酸可的松滴眼液（混悬液）					
硫酸锌滴眼剂					

八、常见滴眼剂及其应用

1. 人工泪液

【处方】 羟丙基甲基纤维素 0.3g，氯化苯甲烃铵溶液 0.02ml，氯化钾 0.37g，氯化钠 0.45g，硼砂 0.19g，硼酸 0.19g，注射用水加至 10ml。

【用法与用量】 滴入眼睑内，一次 1～2 滴，一日 4～6 次。

【规格】 0.55%（g/ml，按氯计），每支 10ml。

【用途】 本品为人工泪液，能代替或补充泪液，湿润眼球。用于无泪液患者及干燥性角膜炎、结膜炎。

2. 润洁滴眼液——复方硫酸软骨素滴眼液

【处方】 盐酸萘甲唑啉，马来酸氯苯那敏，维生素 B_{12}。辅料含增稠剂玻璃酸钠。

【用法与用量】 滴入眼内，一日 4～6 次。

【规格】 5ml，10ml。

【用途】 用于眼睛疲劳、结膜充血、眼痒等不适症状。

3. 小乐敦眼药水——复方牛磺酸滴眼液

【处方】 氨基乙磺酸、马来酸氯苯那敏、L-天冬氨酸钾、氨基己酸。

【用法与用量】 滴入眼睑内，一日 4～6 次，一次 1～2 滴。

【规格】 15ml/瓶，13ml/瓶。

【用途】 用于未满 15 岁的儿童。用于治疗阅读引起的眼睛疲劳、长时间看电视或电脑、游泳前后、尘埃入眼、花粉刺激、睡眠不足引起的红筋、眼睛疲劳、慢性结膜炎伴有结膜充血等体征。

4. 珍视明滴眼液

【处方】 珍珠层粉、天然冰片、硼砂、硼酸。

【用法与用量】 滴于眼睑内，一次 1～2 滴，一日 3～5 次；必要时可酌情增加。

【规格】 15ml。

【功能与主治】 明目去翳，清热解痉。用于青少年假性近视，缓解眼疲劳。

5. 托百士滴眼液

【处方】 每毫升滴眼液含 0.3% 妥布霉素 3mg，0.01% 氯苄烷胺作为保存剂。

【用法与用量】 轻度及中度患者，每 4h 一次，每次 1～2 滴点入患眼；重度感染的患者，每小时一次，每次 2 滴，病情缓解后减量使用，直至病情痊愈。

【规格】 5ml。

【用途】 适用于外眼及附属器敏感菌株感染的局部抗感染治疗。

九、常见问题及思考

(1) 处方中的硼砂和硼酸起什么作用？试计算此处方是否与泪液等渗？

(2) 滴眼剂中选用抑菌剂时应考虑哪些原则？本处方中的硫柳汞可改用何种抑菌剂？使用何浓度？

(3) 为什么说灭菌法与无菌操作法是相辅相成的？

第三部分

药物制剂岗位综合见习实验

实验十九　药厂固体制剂车间参观

一、相关背景知识

药厂生产车间是药品生产的场所，也是药物制剂成型全过程中物料调配和生产工艺过程的承担者，更是质量控制和技术规程实施的空间依托，直接决定了药物制剂的品质，是药物制剂技术学习的理想地点，对于加深对制剂和剂型的理解，对于强化制剂技能至关重要。

中国《药品管理法实施条例》规定：药品生产企业必须获得《药品生产质量管理规范》认证（即 GMP 认证），方可实施生产。GMP 的相关规定和要求，在其他课程中讲授，本实验主要从药物制剂的生产工艺和质量控制的角度，向同学展示药物制剂生产的环境、设施、净化、人员、卫生、工艺、设备、文件等表观的印象，以期将药物制剂技术理论的学习和技能的训练放到真实、具体、动态的环境和流程中加以强化和突显。

固体制剂车间一般包括散剂、颗粒剂、片剂、胶囊剂、丸剂等固体剂型，有的药厂每一个剂型单列成车间，一般生产规模较大或药品有特殊要求；有的中小型药厂将几个固体剂型的车间设计在一起，其具有共性的操作单元，比如粉碎、过筛、混合、制粒、干燥、内包装、外包装等操作工序由数个剂型或产品公用，而每一个固体剂型独特的操作单元，比如散剂的封装、片剂的压片、胶囊剂的填充、丸剂的挤丸等，单独设置操作间，这样大大提高了药厂车间的利用率，节约了成本。当然，这种多剂型"和平共处"式的车间布局是以科学、严谨、卫生、规范为前提的，其间有大量管理性的制度、方法、文件、设置做支撑，才会使得药物制剂的生产有条不紊。

二、实验目的

（1）通过参观药厂固体制剂车间，了解固体剂型的基本生产环境、设施设备和卫生基本要求。

（2）通过参观制剂工艺过程，了解片剂、胶囊剂、散剂、颗粒剂、丸剂等固体剂型在生产工艺和质量控制上的异同之处。

（3）通过参观公共设施，了解空调体系、制药用水、压缩空气、绿化、消防、排污、人流物流通道等。

（4）通过参观单体设备，了解旋转式压片机、混合机、制粒机、沸腾干燥器、包衣机等制药机械设备的应用和操作。

（5）通过人流和物流通道的参观，熟悉制药车间的物料要求和管理规程。

三、实验内容

（1）参观药厂整体环境和布局特点。

（2）参观库房和物料的进出流程。

（3）参观净化空调系统（包括技术夹层的介绍和天面结构）、管线走向、纯化水制备、压缩空气处置、空间消毒。

（4）参观固体制剂车间参观走廊，熟悉车间布局。

(5) 参观洁净通道，熟悉换鞋、更衣、手消流程，缓冲间、安全门、洁净区的分布。

(6) 参观在线产品工艺过程，注意设施、设备、洁净要求、卫生、人员行为举止、记录、设备运行等内容，是参观的重点。

(7) 分组或分次以流程的方式参观片剂、颗粒剂、散剂、胶囊剂、丸剂等固体剂型的制备过程和质量控制方法。也属于参观的重点。

(8) 参观物料的流经路线和在洁净区的来龙去脉。

(9) 参观化验室，了解药厂对于质量管理和检验的要求。

(10) 参观车间的其他办公区域，熟悉药厂的运行规律。

四、实验要求

(1) 画出片剂、胶囊剂、颗粒剂、散剂、丸剂的工艺流程，各以一个产品为例写出操作要点。

(2) 掌握固体剂型的洁净要求、区域划分和物料流向。

(3) 了解常见固体制剂设备的操作方法及注意事项。

(4) 掌握制药用水的制备、贮存、检验和传输。

(5) 了解固体药物制剂内外包装的差异和质量要求。

五、常见问题及思考

(1) 制药车间内的空气跟我们日常呼吸的空气有何不同？

(2) 车间最大的污染源是哪个？

(3) 思考一下，固体制剂车间天花上共有几种装置？各起什么作用？

(4) 片剂、胶囊剂、颗粒剂、散剂、丸剂等固体剂型共有的操作单元有哪些？哪些又是各个剂型所特有的？

(5) 思考一下，质管部和化验室对于药物制剂的生产有多大影响？

(6) 你所参观的药厂车间使用的制药用水有几种？是用何种方法制备的？

实验二十　药厂无菌制剂车间参观

一、相关背景知识

　　药厂生产车间是药品生产的场所，也是药物制剂成型全过程中物料调配和生产工艺过程的承担者，更是质量控制和技术规程实施的空间依托，直接决定了药物制剂的品质，是药物制剂技术学习的理想地点，对于加深对制剂和剂型的理解，对于强化制剂技能至关重要。

　　中国《药品管理法实施条例》规定：药品生产企业必须获得《药品生产质量管理规范》认证（即 GMP 认证），方可实施生产。GMP 的相关规定和要求，在其他课程中讲授，本实验主要从药物制剂的生产工艺和质量控制的角度，向同学展示药物制剂生产的环境、设施、净化、人员、卫生、工艺、设备、文件等表观的印象，以期将药物制剂技术理论的学习和技能的训练放到真实、具体、动态的环境和流程中加以强化和突显。

　　无菌制剂包括注射剂、眼用制剂、植入制剂、创面制剂、手术制剂等，其中，最重要的无菌制剂是注射剂。注射剂分三种，一是水针剂，二是粉针剂，三是输液剂。注射剂的生产工艺过程一般包括：原辅料和容器的前处理、称量、配制、滤过、灌封、灭菌、质量检查、包装等步骤。注射剂的生产区域划分一般分为四个区域：①一般生产区，包括普通办公区、化验室大部分区域、仓库、外包装车间、瓶子粗洗等工序；②10 万级洁净区，包括浓配、粗滤、压盖等工序；③1 万级洁净区，包括稀配、精滤、灌封等；④局部 100 级洁净区，包括灌封、分装、冻干、压塞、配液等，局部百级处于 1 万级洁净区环境内。

表 20-1　无菌药品生产环境洁净级别

药品种类		洁净度级别
可灭菌小容量注射液 （<50ml）	浓配、粗滤	10 万级
	稀配、精滤、灌封	1 万级
可灭菌大容量注射液 （>50ml）	浓配	10 万级
	稀配、滤过	非密闭系统：1 万级
		密闭系统：10 万级
	灌封	局部 100 级
非最终灭菌的无菌药品 及生物制品	配液	不需除菌滤过：局部 100 级
		需除菌滤过：1 万级
	灌封、分装、冻干、压塞	局部 100 级
	轧盖	10 万级

二、实验目的

　　(1) 通过参观药厂无菌制剂车间，了解无菌剂型的基本生产环境、设施设备和卫生基本要求。

　　(2) 通过参观制剂工艺过程，了解水针剂、粉针剂、输液剂、滴眼剂等无菌制剂在生产工艺和质量控制上的异同之处。

　　(3) 通过参观公共设施，了解空调体系、制药用水、压缩空气、绿化、消防、排污、人流物流通道等。

　　(4) 通过参观单体设备和设施，了解洗瓶机、灌装机、冻干机、过滤装置、局部百级层流工作台等的应用和操作。

(5) 通过人流和物流渠道的参观，熟悉制药车间的物料要求和管理规程。

三、实验内容

(1) 参观药厂整体环境和布局特点。

(2) 参观库房和物料的进出流程。

(3) 参观净化空调系统（包括技术夹层的介绍和天面结构）、管线走向、纯化水制备、压缩空气处置、空间消毒。

(4) 参观无菌制剂车间参观走廊，熟悉车间布局。

(5) 参观洁净通道，熟悉换鞋、更衣、手消流程，缓冲间、安全门、洁净区的分布。

(6) 参观在线产品工艺过程，注意设施、设备、洁净要求、卫生、人员行为举止、记录、设备运行等内容，是参观的重点。

(7) 分组或分次以流程的方式参观片剂、颗粒剂、散剂、胶囊剂、丸剂等固体剂型的制备过程和质量控制方法。也属于参观的重点。

(8) 参观物料的流经路线和在洁净区的来龙去脉。

(9) 参观化验室，了解药厂对于质量管理和检验的要求。

(10) 参观车间的其他办公区域，熟悉药厂的运行规律。

四、实验要求

(1) 画出水针剂、粉针剂、输液剂、滴眼剂等无菌剂型的工艺流程，各以一个产品为例写出操作要点。

(2) 掌握无菌制剂的洁净要求、区域划分和物料流向。

(3) 了解常见无菌制剂设备的操作方法及注意事项。

(4) 掌握制药用水的制备、贮存、检验和传输。

(5) 了解无菌制剂和固体药物制剂内外包装的差异和质量要求。

五、常见问题及思考

(1) 制药车间内的空气跟我们日常呼吸的空气有何不同？

(2) 车间最大的污染源是哪个？

(3) 思考一下，无菌制剂车间天花上共有几种装置？各起什么作用？

(4) 水针剂、粉针剂、输液剂、滴眼剂等共有的操作单元有哪些？哪些又是各个剂型所特有的？

(5) 思考一下，质管部和化验室对于药物制剂的生产有多大影响？

(6) 你所参观的药厂车间使用的制药用水有几种？是用何种方法制备的？

实验二十一　药用气雾剂车间观摩

一、相关背景知识

　　药用气雾剂是区别于固体制剂车间和无菌制剂车间的一类特殊的药物剂型车间，它既要符合GMP的要求，又要契合气雾剂这一特殊、危险剂型的工艺和安全需要，在车间设计、气流组织和工艺流程上都有独特的要求。

　　广义的药用气雾剂包括气雾剂、喷雾剂和粉雾剂三种，因为这三种剂型都是以"雾"的形式递送药物，在制备和使用过程中都需要气相、液相、甚至固相间的平衡，因此统称为气雾剂。狭义地讲，气雾剂由抛射剂驱动；喷雾剂没有抛射剂，依靠泵的力量，以液滴的形态递送药物；粉雾剂不仅依靠泵的力量而且产生粉末态的雾形颗粒，供吸入或外用。

　　吸入气雾剂通过呼吸系统内部病灶部位的直接吸收发挥作用，同时也进入血液循环，进入机体，发挥全身治疗作用；外用气雾剂主要通过不接触或轻微接触受伤部位，利用透皮吸收的原理进入病变部位；腔道气雾剂主要通过黏膜的透过和吸收，局部或全身发挥疗效。

　　喷雾剂的吸收与外用气雾剂和腔道气雾剂相仿，一般由于雾滴较粗而在配方中添加吸收促进剂。

　　吸入粉雾剂依靠人的主动呼吸的力量进入呼吸道深部，在呼吸道黏膜或肺泡表层溶解于表面液体而吸收；腔道粉雾剂比气雾剂多加一个溶解和分散的程序；外用粉雾剂则侧重于吸收病变部位的脓血、渗出组织液等，溶解后吸收。

　　气雾剂的工艺过程主要体现在抛射剂的充入、压盖、压力控制和安全保障上；喷雾剂的工艺则侧重于泵的选择和优化，配方内部的稳定性，递送过程的顺畅性、均匀性等方面；粉雾剂的工艺特点在于粉粒状物料的粉碎和分散、工艺和贮运、使用过程中的稳定性等。

二、实验目的

　　(1) 通过参观气雾剂生产环境和工艺流程，了解气雾剂、粉雾剂与喷雾剂在生产工艺和质量控制上的异同之处。

　　(2) 通过参观药用气雾剂制备过程，掌握气雾剂抛射剂生产、贮存和使用过程中的特殊要求和注意事项。

三、实验内容

　　(1) 参观药厂整体环境和布局特点。

　　(2) 参观库房和物料的进出流程。

　　(3) 参观净化空调系统（包括技术夹层的介绍和天面结构）、管线走向、纯化水制备、压缩空气处置、空间消毒。

　　(4) 参观气雾剂车间参观走廊，熟悉车间布局。

　　(5) 参观洁净通道，熟悉换鞋、更衣、手消流程，缓冲间、安全门、洁净区防爆间的分布和分区。

　　(6) 参观在线产品工艺过程，注意设施、设备、洁净要求、卫生、人员行为举止、记录、设备运行等内容，是参观的重点。

(7) 参观气雾剂制备过程和质量控制方法。属于参观的重点。
(8) 参观物料的流经路线和在洁净区的来龙去脉。
(9) 参观化验室，了解药厂对于质量管理和检验的要求。
(10) 参观车间的其他办公区域，熟悉药厂的运行规律。

四、实验要求

(1) 画出药用气雾剂的工艺流程，以一个产品为例写出操作要点。
(2) 掌握药用气雾剂的洁净要求、区域划分和物料流向。
(3) 了解常见药用气雾剂生产设备的操作方法及注意事项。
(4) 掌握制药用水的制备、贮存、检验和传输。
(5) 了解气雾剂内外包装的差异和质量要求。
(6) 仔细观察一下药用气雾剂充气室的特殊之处，设想一下该房间的气流走向。

五、常见问题及思考

(1) 为什么气雾剂对消防、安全性要求特别高？危险在何处？
(2) 气雾剂与喷雾剂、粉雾剂的根本区别在何处？哪个要求更高、哪个更危险？
(3) 根据参观的内容，思考一下气雾剂在日常使用时应该注意哪些方面？
(4) 气雾剂的优势何在？
(5) 药用气雾剂如果用于手术或外伤，则在洁净级别上有何特殊要求？
(6) 属于防爆区的有几个房间？其特殊之处何在？

附：药用气雾剂车间观摩视频脚本

药用气雾剂车间观摩脚本

时间： 2008 年 6 月 2 日

主要人员： 教师 A、气雾剂车间主任 L、学生 Z（主持人）、学生 J、学生 G、学生 H

剧本概述： 老师带领药物制剂专业课程的兴趣小组成员到广州市某制药股份有限公司气雾剂车间参观气雾剂生产并录制气雾剂生产过程的教学 mv，让兴趣小组成员能得到一个实践的机会之余，也让学生更好更生动形象地认识气雾剂的制作过程、运作机理等专业知识。

第一幕：初到药厂

地点： 广州市某制药股份有限公司气雾剂车间

（车停在公司门前，主要人员下车）

L：大家好，今天我们很荣幸在 A 老师的带领下来到广州市某制药股份有限公司。（镜头对后面的大楼）

Z：我们这次到来的主要目的是带大家参观该公司气雾剂的生产车间，今天我们很荣幸能请到气雾剂车间主任 L 先生来为我们做向导，现在有请他为我们讲述一下我们今天的行程。

L：（随机回答）

L：那事不宜迟，我们现在就开始气雾剂的参观学习之旅吧！

第二幕：初到气雾剂大楼

地点：气雾剂大楼门前

L：现在呈现在我们面前的这座三层楼就是气雾剂大楼。

（镜头对准大楼，并有旁述介绍大楼结构）

Z：好了，现在我们已经基本了解到气雾剂大楼的外观了（镜头对着大楼），是不是对里面的东西很感兴趣呢？那就随着我们的镜头一起探个究竟吧！

（人群进去，镜头对着车间平面图）

L：现在我们看到的是车间平面图（拍着整个平面图），红线是人员进出车间的路线，蓝线则是物料的路线。首先，让我们来介绍一下红线经过的具体区域吧！生产人员依次进入一更、二更、更衣之后，再通过气闸室，进入生产线，具体生产路线如下：洗瓶、烘瓶、称量、配料、灌封、充气、检漏。接着，蓝线是物料进入车间的顺序：货梯、清外包装室、气闸室、备料室、进入生产线，生产完毕后，剩余的废料从废物室运出。

Z：相信大家对气雾剂的生产路线有了一定的了解，那我们现在马上进去车间继续下一步的学习吧！

第三幕：更衣

地点：车间更衣室（人群走到了车间更衣室）

L：进入生产车间，首先要做的当然是换鞋和更衣。来，咱们先换上鞋子，进入一更穿洁净服。第一件事当然是更衣了，那首先就由我来为大家讲解更衣的过程。

（Z穿衣，L讲解）

Z：普通洁净服的穿着顺序是由上而下，而气雾剂的生产要在10万级洁净车间里生产，10万级洁净服是专门的连体式洁净服，穿着顺序是先带上头罩，跟着穿上连体式洁净服，戴上手套，最后就是穿上鞋套，那整个更衣过程就简单介绍完毕。（Z按照L说的顺序依照步骤更衣）

第四幕　生产车间

地点：生产车间

场景一：车间通道

（人群走到更衣室和生产车间的通道上）

Z：现在我们所在的地方就是生产车间的通道，车间内的地板颜色为蓝色，其材料是环氧树脂，墙壁采用了彩钢板材质，以减少火灾与爆炸带来的损失。地板与墙壁通过弧形的衔接缝连接，方便清洗的同时，又不容易积累尘埃、藏细菌。使生产环境更加符合GMP要求。

L：接下来我们看到的是一个压差计，当正差压或负差压作用于膜片时，通过弹性连接件便会带动装有磁钢的片簧移动，经磁性耦合使装有指针的螺旋轴转动，从而在刻度盘上指示压力的数值，达到测量压力的目的。大家再往这边看，大家现在看到的是一个传递窗，传递窗运用了联锁装置，在其工作时，同一时间只能打开一边的传递门，把东西全部放进去以后，关上传递门，另一边才能打开取物。

Z：现在大家看到的就是通道里的进风口以及排风口，经过车间粗滤装置粗滤的空气通过顶部进风口的精滤装置，进入车间，气体交换完毕后，受污染的空气从底部的排风口通过滤袋粗滤后，排出车间或循环再用。滤袋一般定期清洗或更换，符合气雾剂10万级的洁净度要求。

L：车间的每个房间和通道顶部都装有广播系统，这样有利于车间内外信息的及时交换。如果出现紧急情况，人员可以按照安全逃生指示标志尽快逃离现场，若有断电情况，应急灯就会亮起，以便人员离开。

Z：通过这个通道，我们就能看到气雾剂的生产车间了。

场景二：洗瓶室

Z：现在我们进入的是洗瓶室，这台设备是超声波洗瓶机，它是利用空化效应达到清洁的目的的，洗完的瓶子通过脱水机进行脱水后再进入烘箱进行干燥，干燥完毕后从中间站推出，直接进入灌封工序。

L：另外，在洗瓶与烘瓶的同时，另一批的生产人员则对物料进行称量及配料，然后与干燥的空瓶一起进入灌封工序。

场景三：灌封室

L：好啦，接下来我们来看一下灌封的工序。

Z：嗯，好的。空瓶经过干燥灭菌后就进入到气雾剂的灌封工序。首先把空瓶放进理瓶盘里面，然后利用压缩空气推动皮带，把瓶子输送到灌封设备，经过加料、加阀门和压盖后进入到防爆区。

L：那现在我们来重点介绍一下加阀门和压盖的过程。（镜头对准加阀门机），首先利用计量泵准确吸取药液分装的量，装入瓶内，然后通过转轮将气雾瓶送到喂阀机处，再利用压缩空气的推力将阀门送到瓶口，最后转轮把瓶移到压盖机，压盖的时候，装置下移，固定部件不动，内膛与抓口上移，由于固定部件斜面的作用使抓口收紧，从而使阀门被压紧并固定在容器上，完毕后由传输带带进下一个工序。

场景四：防爆区

Z：现在我们来到的就是防爆区。防爆区的地板是由橡胶做成的，橡胶板里嵌有铜条，用以导去静电以防止引发爆炸。防爆区内还设有温度感应器、烟火感应器、喷淋系统和自动报警装置，以便在突发事情发生的时候能及时做出相应的急救措施。减低意外造成的损失。

L：介绍完了防爆区的特点，接下来继续介绍一下气雾剂在防爆区的生产工序啦。从灌封室出来的瓶子进入防爆区的充气室进行填充抛射剂（镜头对着充气设备），出于安全考虑，所以防爆区的门上装有感应器，操作人员设好参数后关上门，设备正常运作后，工作人员通过在门外的观察，对其进行监控。

场景五：检漏室

L：在充气室的外面区域就是检漏室，已经填充好抛射剂的瓶子通过输送带进入到检漏室进行检漏。瓶子经夹瓶器夹紧后，顺着轨道一直进入到检漏池。检漏池底有电热丝，通过加热使水温达到一定摄氏度，瓶子在池中运行 15min 左右，等检漏完毕后再进行加盖（镜头对着设备）。

Z：加盖后的产品到试喷处试喷，抽检合格后，气雾剂半成品就被送到中间站。暂时放置一段时间，待性质稳定后就可以进行外包了。

场景六：外包室

L：检漏完毕且通过试喷后的气雾剂半成品经过传输带传送到外包室存放一段时间，待性质稳定后再进行喷码，打标签，装盒的工序。完成后，一个气雾剂生产的过程也就随之结束。

Z：那现在让我们再一次重温一下气雾剂生产的总流程吧。先是在洗瓶室用超声波洗瓶机洗瓶，之后装入脱水机，脱水后送进烘箱，清洁干燥的瓶送到罐封室加料、加阀门和压盖，跟着送去防爆区进行充抛射剂、验漏及试喷，试喷合格后送到中间站稳定一段时间，就可以进行喷码、打标签、装盒了。整个生产流程也就是这样了。

第五幕　天面和动力系统
地点：天台（人群顺着镜头走到天台上）

Z：现在呈现在我们面前的依次是灌封室抽风系统、防爆空调系统、防爆抽风机、空调冷水塔和避雷针。

第六幕　参观完毕
地点：公司门口（人群走到公司门口）

L：现在，我们终于把整个气雾剂的生产过程都参观过了，真的很高兴有这么一个实践的机会！

Z：今天我们要感谢的人有我们的 A 老师、L 主任、我们的拍摄员 J、G 同学，当然，还有 H 同学和我自己啦。

A：最重要还是要你们和其他同学能真正地学到气雾剂的生产过程，好了，很晚了，我们现在就回去吧！

（大家跟 L 道别后上车）

实验二十二　零售药店参观

一、相关背景知识

零售药店是药品流通的终端环节之一，药物制剂经生产、制备、包装、贮存、运输之后，很大一部分会通过零售药店的途径，供消费者采购和使用，是社会保健体系中为大众服务的重要窗口。

零售药店一般主要销售非处方药（OTC 药），处方药的销售必须符合国家有关政策规定；销售处方药和非处方药（甲类）的零售药店必须配备驻店执业药师或药师以上技术职称的药学技术人员，并规定执业药师或药师应佩戴标明其姓名、技术职称的胸卡，其职责是给消费者提供咨询，根据消费者的症状提供科学的合理用药指导，消费者根据药师的指导并按照说明书及标签所示内容使用处方药。

药品实行分类管理，零售药店要通过 GSP（《药品经营质量管理规范》）认证，经营面积不得少于 40 平方米。

零售药店是药学相关专业学生重要的从业岗位，历来吸收相当一部分高职和中职的学生实习和就业。

药品零售和药学服务是零售药店的两大核心工作内容。与医院药房相比，零售药店由于面向大众，在药品购销环节上有不少独特之处，尤其是药品陈列一般需遵循如下几个原则：①GSP 陈列原则；②易见易取原则；③满陈列原则；④先进先出原则；⑤关联性原则；⑥同一品牌垂直陈列原则；⑦主辅结合陈列原则；⑧季节性陈列原则。在此基础上，还需要综合运用如下商品陈列方法：①货架陈列法；②非货架陈列法；③促销陈列法；④专柜陈列法。

二、实验目的

(1) 通过参观了解社会药房概况。
(2) 通过零售药店的岗位设置，熟悉岗位氛围，了解岗位职能、工作性质和服务要求。
(3) 了解零售药店经营管理方法、药品调配、销售程序。
(4) 了解特殊管理药品、处方药与非处方药的销售管理方法。
(5) 通过零售药店的岗位要求，明确专业学习的目标和侧重点。

三、实验内容

(1) 听药店负责人介绍药店概况。
(2) 参观药店药品的陈列，了解药品的贮存与保养方法。
(3) 重点了解药品的销售方法，特殊管理药品、处方药与非处方药的销售方法。

四、实验要求

(1) 此药店一共有多少种剂型？
(2) 通过参观零售药店，结合自己的专业，思考自己专业学习的目标和侧重点。

(3) 返校后写一份参观调查报告，内容包括：

① 药店药品陈列概况，是否符合 GSP 有关药品分类陈列的规定；

② 药品贮存和养护概况，是否符合 GSP 有关贮存与养护工作的要求；

③ 处方药与非处方药销售情况，是否按照国家有关规定进行销售；

④ 药物制剂各个剂型的代表性药品各举 3 例说明。

五、常见问题及思考

(1) 零售药店药品分类陈列有哪些规定？

(2) 国家对零售药店销售处方药有何规定？

(3) 除了专业知识之外，参观药店还给你什么样的启示？还需要什么样的素质？

(4) 为什么相同成分和剂量的药品，价格差异巨大？分别统计三个相同成分和配方的药物，生产厂家、商标、规格、包装的不同，比较其价格，并运用专业知识思考价格差异的原因。

(5) 对于不同群体的消费者，如老人、幼儿、残疾者、妇女等，药店有何有利于销售和服务的措施？

实验二十三　医院药房参观

一、相关背景知识

医院药房是医院药品流通的关键环节。药物制剂经过生产、制备、包装、贮存、招标、批发、运输之后，相当一部分会通过医院药房途径，供门诊或住院患者购买和使用，由于是药品进入患者体内的最后一道把关口，责任重大。

医院药房是药学相关专业不少学生向往的实习和就业岗位。具体岗位一般包括中西药房、制剂室、药库、调剂室、住院药房等。

二、实验目的

(1) 通过观察医院药房概况、岗位设置，熟悉岗位氛围，了解岗位职能、工作性质和服务要求。

(2) 通过了解医院药房的岗位要求，明确专业学习的目标和侧重点。

(3) 了解医院药房调剂工作的主要内容和基本程序以及注意事项。

(4) 通过查阅处方初步了解处方审阅和分析。

(5) 了解特殊管理药品、处方药与非处方药的分类管理方法。

(6) 了解药品在药房存留期间的保管、养护方法及技能。

三、实验内容

(1) 听取药房负责人介绍药房概况。

(2) 分组参观医院门诊药房和住院药房，了解药房的工作制度、岗位设置、人员配备、药品供应保管等情况。

(3) 重点了解药房的药品摆放形式、处方调配过程、处方书写格式、处方保管方法。每人在医院资料室查阅 50 张以上处方。

(4) 返校后写一份参观调查报告，并对五十张处方作如下分析。

① 五十张处方中药品品种总数为_____种，平均每张处方药品数_____种；一张处方中药品数最多的为_____种，最少的为_____种。

② 五十张处方中剂型品种总数为_____种，其中片剂_____种，安瓿剂_____种，大容量静脉注射剂_____种，胶囊剂_____种，颗粒剂_____种，软膏剂_____种，液体药剂_____种，其他_____种。

③ 五十张处方中含抗生素的有_____张，含解热镇痛抗炎药的有_____张，含抗高血压药的有_____张，含传出神经系统药的有_____张，含镇静催眠药的有_____张，含作用于消化系统药的有_____张，含作用于呼吸系统药的有_____张，含激素类药的有_____张，含其他药品的有_____张。

④ 平均每张处方药价为_____元。

⑤ 有不合理或配伍禁忌处方_____张，处方中的错误为_____，建议改正的方法_____。

四、实验要求

（1）注意观察审方、配方、复核、发药四个操作工序的技能要求分别有哪几项？

（2）注意观察医院拆散分装纸袋的药品剂量单位和纸袋包装上的用法用量说明。

（3）注意观察药库中理架、分处、上药环节的技能要求。

（4）若有机会参观医院制剂室，思考制剂室是否要符合 GMP，医院制剂室跟药厂制剂车间有何异同处？

（5）返校后写一份参观调查报告，内容包括：

① 医院药房的概况，主要部门、主要岗位、各个岗位的技能和理论知识点；

② 医院药房的工作性质和意义，如何避免出现差错、医院药房管理的优势和缺陷；

③ 结合自己的兴趣和专业，谈谈若去药房工作，自己适合于哪个岗位，需要怎样通过学习达到岗位职能的要求。

五、常见问题及思考

（1）为什么医院药房自拆分装纸袋的药品，如维生素 C 片、病毒灵、活性钙等片剂通常都是装 24 片？

（2）医院药房的"四查十对"指的是什么？

（3）医院药房中不同岗位上的工作情形——理架、分处、上药、审方、配方、复核、发药各需要哪些技能？如何通过学习和训练掌握这些技能？

（4）在药房工作中，住院和门诊、妇科和产科、ICU 和 ER 的区别是什么？

（5）中药房的抓药、包药需要哪些技能？

（6）为什么力蒙欣、布比卡因、匹罗卡品、强的松龙注射液、苦地胆液是不许发放的药品？

附　　录

附录一　药物制剂技术微格实验基本要求

药物制剂技术是一门应用性技术和技能课程，实验课是其重要组成部分。药剂实验课的目的在于验证、巩固和拓展理论教学中的基本理论与知识，使学生切实掌握药物制剂技术配方和工艺制作的基本操作、药物制剂相关岗位的基本技能，培养分析和解决实际问题的能力，开阔视野，启迪思路，促进技能发展和专业素质提升。

为保证实验课能充分达到预期目的，学生在实验过程中应做到以下几点。

(1) 实验前进行预习，明确本次实验的目的、要求和操作步骤。

(2) 实验中严格按照操作规范进行操作，认真观察试验中出现的现象，如实、详细地记录实验数据，实验结束后对结果进行仔细分析，并得出结论。

(3) 自台面上取用试剂时，要在取、称（量）和放回时对试剂的标签和使用量进行仔细核对，以免发生差错。称量完毕应盖好瓶盖，放回原处。

(4) 遵守实验室安全守则，避免事故发生。突发事故应及时报告教师，妥善处理。

(5) 实验无论成败，都须及时、如实记录、分析原因，记入实验报告。如要重做实验，需经指导教师批准，方可进行。

(6) 爱护实验室仪器设备，尽量减少材料浪费。实验室的试剂、仪器及实验成品一律不得带出实验室外。

(7) 有实验课时应提前 5min 到达实验室，进入实验室必须穿实验服，在实验室不得大声喧哗，任意走动，禁止在实验室内饮食。

(8) 实验室内损坏仪器须赔偿。

(9) 实验结束后，将仪器洗净，放回原位，台面清理干净，由指导教师检查实验结果及实验仪器，经指导教师批准，学生方可离开实验室。值日生负责清洁整个桌面、地面、水槽，清理废液，收集和倾倒垃圾，检查水、电、门、窗，并请实验室负责教师检查后，方可离开实验室。

(10) 实验过程中根据实验具体需要开关门窗、风扇、排送风。

(11) 参观和观摩性实验应提前预习，遵从带教教师和参观单位人员的安排和指挥，保证安全，严明纪律。

(12) 实验室中的药剂实验与药厂的处方和工艺过程既有区别又有联系，请在学习过程中注意分析、比较和总结，以提高综合技能。

(13) 实验成绩与实验过程的表现和实验报告密切相关，本课程鼓励学生勤于动手、善于思考、追索提问、勇于面对失败、积极分析，在有限时间内获得丰硕收获。

附录二　药物制剂技术微格实验报告格式和要求

实验　　　题目

××年级××专业（×）班　　学号　　　姓名　　　　日期

一、**实验目的**：用自己的话归纳出该实验的目的，限2行。

二、**实验原理**：根据自己的理解，用自己的话归纳出该实验的原理，限3行。

三、**实验材料**

1. 仪器：根据实际使用情况填写，必要时填写型号和规格。
2. 材料：根据实际使用情况填写，必要时填写型号和规格。

四、**实验步骤**：要求按流程工艺图的形式撰写，用框图、箭头、标示等手段展示工艺制备过程，相关参数（如温度、时间、状态、操作、简写、要求等）标注于制备过程或箭头之上。限2行。

五、**实验结果**：客观的数字、表格、图注、定性定量的结果或现象描述。有可能良性，也有可能是阴性或无结果。最好以简洁的方式表述，尤其是图、表、短句、词组、数字等。

六、**实验结论**：根据结果和过程，凭知识、经验、思考和检索之后分析得到的结论，有可能跟设计相矛盾，也有可能完全吻合；有可能得到正确的结论，也有可能得到错误甚至荒谬的结论。此项内容展示实验者的思维和逻辑能力。

七、**实验讨论**：是实验报告中最有价值的部分，显示实验者的真正水平和收获。应针对实验过程中的问题和现象展开讨论，包括成功的经验和失败的教训、操作过程的反思、对实验整体设计的追问、新的设想和新思路、延伸的相关问题、未解开的谜团等。

八、**思考题**：讲义或实验授课教师提出的预习或实验过程中要求思考的问题，根据实验情况、实验结果、专业检索的内容回答。

九、**附件**：作为实验报告的成果或证据的材料，包括数码照片、视频、样品、原始记录等，为有价值的档案材料或凭据。可封存后或直接张贴于实验报告的背面。

附录三　药物制剂实验常用术语与数据

1. 药品批号、生产日期、有效期

附表1　药品的批号、生产日期和有效期

中文	英文	中文	英文
批号	Batch Number(Bat. No.)	失效日期	Expiration date(EXP. date)
批号	Lot Number(Lot. No.)	失效日期	Expiry date
生产日期	Manufacture date(Manuf. date)	失效	Expiration
生产日期	Date of Manufacture	有效期至	Use Before

注：进口药品失效期的写法。①欧洲：日-月-年。②日本：年-月-日。③美国：月-日-年。

2. 阿拉伯数与罗马数字

20——　　30——　　40——　　50——　　60——
70——　　80——　　90——　　100——　　1000——

3. 20℃标准滴管（外径3mm，内径0.6mm）

每毫升的滴数：水——20；稀盐酸——20；乙醚——80；氯仿——56；乙醇（95%）——65；乙醇（90%）——62；乙醇（70%）——56；乙醇（40%）——47；酊剂——44～63。

4. 湿度

（1）临界相对湿度（CRH）　根据艾尔迪（Elder）假说：CRH较高的两种或两种以上的粉末混合时，CRH下降，且低于其中任何一种。如葡萄糖（CRH82%）和Vc-Na（CRH71%）的1:1混合物CRH为58%（82%×71%）。再如葡萄糖醛酸内酯（CRH95%）与盐酸硫胺（CRH88%）+Vc-Na（CRH96%）2:1的混合物混合，其CRH降至78%。枸橼酸-蔗糖-氯化钠混合物Vc-Na（CRH44%）（70%×85%×75%）。

（2）绝对湿度　是指每立方米空气中所含水蒸气的重量。温度越高，绝对湿度越大。

（3）相对湿度　是指某一温度下的绝对湿度与该温度下的饱和湿度之间的百分比。表示空气中水蒸气的量距离饱和水蒸气的程度。

5. 温度

华氏温度（F）=摄氏温度×1.8+32

摄氏温度（℃）=（F-32）×0.5555

6. 粉末和颗粒

粉——≤100μm的颗粒

粒——>100μm的颗粒

微米级粉体——大于1μm的粉体

亚微米级粉体——大于0.1μm的粉体，小于1μm的粉体

纳米级粉体——大于1nm，小于0.1μm的粉体

纳米粉体——1～100nm的粉体

超细粉体/超微粉体（Ultrafine/Superfine/Veryfine）：100%小于30μm的粉体。

7. 试剂规格

Guaranted Reagent（GR）：保证试剂（一级品）

Analysed Reagent（AR、ZA、RP）：分析试剂（二级品）

Chemically Pure（CP、XU、PSS）：化学纯试剂（三级品）
Laboratory Reagent（LR）：实验试剂（四级品）
PA 分析纯
EP 特纯，高纯
SP 特纯
Hyper Pure 高纯
Ueha Pure 超纯
Pract 实验纯
SSS 光谱纯
CHR 色谱纯

附录四　药物制剂质量和性能基本评价指标

剂型	制剂基本性能评价项目
片剂	外观、硬度、溶出度或释放度,流动性(片重差异),可压性
胶囊剂	外观、内容物流动性(装量差异)、溶出度或释放度
颗粒剂	性状、粒度、溶化性
注射剂	外观、色泽、澄明度、pH
滴眼剂	溶液型:性状、澄明度、pH。混悬型:沉降体积比、粒度
软膏剂	性状、均匀性、分层现象(如乳膏剂)
口服溶液	性状、色泽、澄清度、pH
透皮贴剂	性状、透皮速率、释放度、黏着性
其他剂型	参考上述要求制订合理评价项目

注:除性状外,均应提供具体数据。

附录五　药物制剂常用网络资源

1. 论坛类药物制剂信息
小木虫：http：//emuch.net/bbs
丁香园：http：//www.dxy.cn
中国制药技术联盟论坛：www.cptu.com.cn/bbs/showtopic.aspx？topicid＝2&onlyauthor＝1
零点药学交流区：http：//www.soudoc.com/bbs/thread-8544856-1-1.html
药学园地论坛：http：//www.r0209.com/bbs/
中国药学论坛：http：//www.yaofen.com/bbs/
西部药学论坛：http：//www.westyx.com/bbs/
四月蒿药学在线：http：//www.syhao.com/List.Aspx？ClassID＝36

2. 药品信息
中国药学网：http：//www.cpa.org.cn/Index.html
中国临床药学网：http：//www.phr.com.cn/
医学药学网：http：//www.cnyxyx.com/
中国医学博览：www.chinamre.net
中国医药市场信息网：www.chinapharm.com.cn
中国医药信息网：http：//www.cpi.gov.cn/
当代医药市场网：http：//www.ey99.com/
华西医疗信息网：www.cd120.com/
药学摘要：www.drug.sdonline.cn.net
北大天网：http：//pccms.pke.edu.cn：8000）
药苑信息网：www.pharmgarden.com）
中文药物大全：www.health_oel.com/medicine-info/index.htm
药品商品名查询：www.home.intekom.com/pharm
英文文献摘要：www.meds.com
国家药监局南方经济信息所：www.meinet.com.cn/
各国专利局：www.patents.ibm.com
美国专利文摘　www.patents.uspto.gov
　　　　　　　www.uspto.org/prtft
FDA报批新药及UP、美国四大科技报告：www.china.icm.ac.cn/database/db-hostl.html
美国国立卫生研究院：www.nih.gov

3. 政策法规查询
国家食品药品监督管理局数据查询：http：//appl.sfda.gov.cn/datasearch/face3/dir.html
中华人民共和国卫生部：www.moh.gov.cn
中国食品药品检定研究院：www.nicpbp.org.cn
美国国立卫生研究院：www.nih.gov

附录六　药物制剂常见术语中英文对照

Accelerated testing	加速试验	CMC-Na	羧甲基纤维素纳
Acrylic acid resin	丙烯酸树脂	CMS	羧甲基淀粉
Active targeting preparation	主动靶向制剂	CMS-Na	羧甲基淀粉钠
Adhesives	黏合剂	Coated tablets	包衣片
Aerosil	微粉硅胶	Coating material	包衣材料
Aerosol	气雾剂	Cocoa butter	可可豆脂
Alcohol, Ethanol	乙醇	Colon-targeted capsules	结肠靶向胶囊剂
Amorphous forms	无定型	Complex coacervation	复凝聚法
Angle of repose	休止角	Compliance	顺应性
Antiadherent	抗黏剂	Compressed tablets	普通片
Antioxidants	抗氧剂	Compressibility	压缩度
Antisepsis	防腐	Controllability	可控性
Apparent solubility	表观溶解度	Controlled release tablets	控释片
Aquacoat	乙基纤维素水分散体	Controlled-release preparation	控释制剂
Aromatic waters	芳香水剂	Cosolvency	潜溶
Aseptic technique	无菌操作法	Cosolvent	潜溶剂
Azone	氮酮	Coulter counter method	库尔特计数法
Ball mill	球磨机	CPVP	交联聚乙烯吡咯烷酮
Bases	基质	Creams	乳膏剂
Beeswax	蜂蜡	Critical relative humidity(CRH)	临界相对湿度
BHA	叔丁基对羟基茴香醚	Critrical micell concentration	临界胶束浓度
BHT	二叔丁基对甲酚	Croscarmellose sodium	交联羧甲基纤维素纳
Bioavailability	生物利用度	Crospovidone	交联聚维酮
Breakage(Bk)	脆碎度	Crushing	粉碎
Brij	苄泽、聚氧乙烯脂肪醇醚	Crystal form	晶型
		CTS	普通栓剂
Buccal tablets	颊膜片	Cyclodextrin（CYD）	环糊精
Bulk density	松密度、堆密度	DDS	药物传递系统
Burst effect	突释效应	Decoction	汤剂
CA	醋酸纤维素	Dextrin	糊精
CAP	邻苯二甲酸醋酸纤维素	Diluents	稀释剂、填充剂
		Dimethicone（silicones）	二甲基硅油、硅酮
Capsules	胶囊剂	Dimethyl sulfoxide（DMSO）	二甲基亚砜
Carbomer	卡波姆、羧基乙烯共聚物	Disinfection	消毒
		Disintegrants	崩解剂
Cera aseptical pro osse bone wax	骨蜡	Disperse medium	分散介质
Chewable tablets	咀嚼片	Disperse system	分散体系
Chitin	壳多糖	Dispersed phase	分散相、内相、非连续相
Chitosan	壳聚糖		
Cloud point	昙点	Dispersible tablets	分散片

Displacement value(DV)	置换价	Flowability	流动性
Distilled water	蒸馏水	Fluid-energy mills	流能磨、气流式粉碎机
DME	二甲醚		
DMSO	二甲基亚砜	Fluidized bed coating	流化床包衣法
Dosage form	药物剂型	Freon	氟氯烷烃类、氟里昂
Drop dentifrices	滴牙剂	Fusion method	热熔法
Drug carrier	药物载体	Garles	含漱剂
Drug-loading rate	载药量	Gelatin	明胶
Dumping effect	突释效应	Gelatin glycerin	甘油明胶
Ear drops	滴耳剂	Gelatinization	糊化
EC	乙基纤维素	Glidants	助流剂
Effectiveness	有效性	Glycerin	甘油
Effervescent disintegrants	泡腾崩解剂	Glycerins	甘油剂
Effervescent tablets	泡腾片	GMP	药品生产质量管理规范
Elasticity	弹性		
Electuary	煎膏剂	Granule density	颗粒密度
Emulsifer in water method	湿胶法	Granules	颗粒剂
Emulsifier in oil method	干胶法	Half life	半衰期
Emulsion	普通乳	Hard capsules	硬胶囊剂
Emulsions	乳剂	Hardness	硬度
Endotoxin	内毒素	HES	羟乙基淀粉
Enteric capsules	肠溶胶囊剂	HPC	羟丙基纤维素
Enteric coated tablets	肠溶衣片	HPMC	羟丙甲基纤维素
Entrapment rate	包封率	HPMCP	羟丙甲基纤维素酞酸酯
Equilibrium solubility	平衡溶解度		
Ethical (prescription) drug	处方药	Humidity	湿度
Eudragit S100	甲基丙烯酸共聚物	Hydrophile-lipophile balance	亲水亲油平衡值
EVA	乙烯-醋酸乙烯共聚物	Hydrotropy	助溶
		Hydrotropy agent	助溶剂
Evaporation	蒸发	Hydroxypropyl cellulose(HPC)	羟丙基纤维素
Excipients (adjuvants)	辅料	Hygroscopicity	吸湿性
External phase	分散介质、外相、连续相	Hypodermic tablets	皮下注射用片
		ICH	国际协调会议
Extracts	浸膏剂	IDDS	植入给药系统
Eye drop	滴眼剂	Implant tablets	植入片
Eye ointments	眼膏剂	Inclusion compound	包合物
Fatty oils	脂肪油	Industrial pharmaceutics	工业药剂学
Fillers	填充剂	Infusion solution	输液
Film coated tablets	薄膜衣片	Injection	注射液
Films	膜剂	intra-arterial route	动脉内注射
First-pass effect	首过效应	Intradermal (ID) route	皮内注射
Fliud extracts	流浸膏剂	Intramuscular (IM) route	肌内注射
Flocculation	絮凝	Intravenous (IV) route	静脉注射
Flocculation value	絮凝度	Isoosmotic solution	等渗溶液

Isotonic solution	等张溶液	Nasal drops	滴鼻剂
Lactose	乳糖	Niosomes	类脂质体，泡囊
Laurocapram	月桂氮䓬酮	Nonprescription drug	非处方药
L-HPC	低取代羟丙基纤维素	OCDDS	口服结肠定位释药系统
Limulus lysate test	鲎试验法		
Liniments	搽剂	Ointments	软膏剂
Liposomes	脂质体	Osmotic pressure	渗透压
Liquid injection	无针液体注射器	OSSDDS	口服定位释药系统
Liquid paraffin	液体石蜡	Over the counter (OTC)	非处方药
Long-circulating liposomes	长循环脂质体	Packing fraction	充填率
Long-term testing	长期试验	Paints	涂膜剂
Lotions	洗剂	Pan coating	锅包衣法
Lubricants	润滑剂	Paraffin	石蜡
Matrix type	骨架型	Passive targeting preparation	被动靶向制剂
Matrix-diffusion type TTS	骨架扩散型 TTS	Patch	贴剂
MC	甲基纤维素	PE	聚乙烯
MCC	微晶纤维素	PEG	聚乙二醇
Medicinal liquor	酒剂	Penetration enhancers	经皮吸收促进剂
Methylcellulose (MC)	甲基纤维素	PEO	聚氧乙烯
Micelle	胶束	PG	丙二醇
Microcapsules	微囊	Pharmaceutical preparation	药物制剂
Microcrystalline cellulose(MCC)	微晶纤维素	Pharmaceutics	药剂学
Microemulsion	微乳	Pharmacokinetics	药物动力学
Microencapsulation	微囊化	Pharmacopoeia	药典
Micromeritics	粉体学	Phonophoresis	超声波法
Microreservoir-type TTS	微贮库型	Physical pharmaceutics	物理药剂学
Microscropic method	显微镜法	PLA	聚乳酸
Microspheres	微球	Poloxamer 188 (pluronic F68)	泊洛沙姆
microstreaming	超微束	Poly (lactide-co-glycolide)	丙交酯-乙交酯共聚物
Minitablet	小片		
Mixing	混合	Polyethylene	聚乙烯
Mixtures	合剂	Polyethylene glycol (PEG)	聚乙二醇
Moistening agent	润湿剂	Polymerization	聚合
Moisture absorption	吸湿性	Polymers in pharmaceutics	药用高分子材料学
Molecular capsules	分子囊	Polymethyl methacrylate	聚甲基丙烯酸甲酯
Multilayer tablets	多层片	Polymorphism	多晶型
Myrj	卖泽、聚氧乙烯脂肪酸酯	Polyoxyethylene	聚氧乙烯
		Polypropylene	聚丙烯
Nacent soap method	新生皂法	Polysorbate	聚山梨酯
Nanocapsules	纳米囊	Polyvinyl alcohol (PVA)	聚乙烯醇
Nanoemulsion	纳米乳	Polyvinyl chloride	聚氯乙烯
Nanoliposomes	纳米脂质体	Polyvinylpyrrolidone (PVP)	聚维酮
Nanoparticles	纳米粒	Povidone	聚乙烯吡咯烷酮
Nanospheres	纳米球	Powder injection	无针粉末注射器

Powders	散剂	Spongia, sponge	海绵剂
PP	聚丙烯	Spray drying	喷雾干燥法
Preformulation	处方前	Stability	稳定性
Pregelatinized starch	预胶化淀粉、可压性淀粉	Starch	淀粉
		Sterility	无菌
Preservative	防腐剂	Sterilization	灭菌
Pressure sensitive adhersive	压敏胶	Stress testing	影响因素试验
Prodrug	前体药物	Subcutaneous (SC) route	皮下注射
propellents	抛射剂	Sublingual tablets	舌下片
Propylene glycol (PG)	丙二醇	Sugar	糖粉
PSA	压敏胶	Sugar coated tablets	糖衣片
Pulsed/pulsatile release	脉冲释药	Supercritical Fluid (SCF)	超临界流体（萃取）
PVA	聚乙烯醇	Suppositories	栓剂
PVC	聚氯乙烯	Surelease	乙基纤维素水分散体
PVP	聚维酮	Suspending agents	助悬剂
PVPP	交联聚维酮	Suspensions	混悬剂
Pyrogen	热原	Sustained release tablets	缓释片
Relative humidity (RH)	相对湿度	Sustained-release preparation	缓释制剂
Retardants	阻滞剂	Syrups	糖浆剂
Reverse osmosis	反渗透	Tablets	片剂
Rubbing	研磨力	Talc	滑石粉
Rumpf	湿法制粒机理	TDDS	药物经皮传递系统
Safety	安全性	The technique of sterilization	灭菌技术
SDS, SLS	十二烷基硫酸钠	Tincture	酊剂
SEDDSs	自乳化药物传递系统	Toroches	口含片
Sedimentation rate	沉降容积比	TTS	经皮治疗制剂
SSieving method	筛分法	Tween	聚氧乙烯失水山梨醇脂肪酸酯
Sink condition	漏槽		
Soft capsules	软胶囊剂	Uniform design	均匀设计
Soft paraffin	软石蜡	Uppsala	淀粉微球
Solubility	溶解度	UV	紫外
Solubility parameter	溶解度参数	Vaginal tablets	阴道片
Solubilization	增溶	Vaselin	凡士林
Solubilizer	增溶剂	Vertebra caval route	脊椎腔注射
Solution tablets	溶液片	Viscosity	黏度
Solutions	溶液剂	Water	水
SOP	标准操作规程	Wet granulation	湿法制粒
Span 80	油酸山梨醇酯	Wetting	润湿性
Spermaceti	鲸蜡	Wool fat	羊毛脂
Spirits	醑剂	β-CYD	β-环糊精

参 考 文 献

[1] 任晓文. 滴丸剂的开发和生产. 北京：化学工业出版社，2008.
[2] 张劲. 药物制剂技术. 北京：化学工业出版社，2006.
[3] 高健. 高职高专"十一五"规划教材——药剂学实验与指导. 北京：化学工业出版社，2007.
[4] 许钟麟. 药厂洁净室设计、运行与GMP认证. 上海：同济大学出版社，2002.
[5] 曾德惠. 滴丸剂的生产与理论. 北京：中国医药科技出版社，1994.
[6] 济南军区后勤部卫生部. 医院制剂操作技术. 济南：山东科学技术出版社，1992.
[7] 林宁. 普通高等专科教育药学类规划教材·药剂学实验. 北京：中国医药科技出版社，1998.
[8] 陆彬. 药剂学实验. 北京：人民卫生出版社，1994.
[9] 平其能. 药剂学实验与指导. 北京：中国医药科技出版社，1994.
[10] 葛鸿海. 药剂工作数据手册. 北京：人民卫生出版社，1984.
[11] 顾学裘. 药物制剂注解. 北京：人民卫生出版社，1988.
[12] 於传福. 全国中等卫生学校教材药剂学. 北京：人民卫生出版社，1995.
[13] 李凤生，姜炜，付廷明等. 药物粉体技术. 北京：化学工业出版社．2007.